GUOJIA DILI DONGWU BAIKE

国家地理
动物百科

鸟类 上

西班牙 Editorial Sol90, S. L. ◎著

陈家凤 ◎译

山西出版传媒集团　山西人民出版社

目录

概况

什么是鸟类

鸟类组成了一个非常成功的生物群落。在地球上，鸟类的栖息环境最具多样性：在热带雨林、大草原、海拔最高的山峰、气候最干旱的沙漠、辽阔的海洋，甚至是在南极大陆中心 −60℃的地方都能发现鸟类的踪迹。

门：脊索动物门
纲：鸟纲
目：29
科：196
种：约1万

适应飞行的特征

鸟类具有许多特有的形态特征，臂骨及爪子都已进化，长满羽毛，形成翅膀。骨骼呈中空（内含空气），如翅膀上的骨骼，能够减轻骨架自重，以适应飞行。鸟爪部分的骨骼不是中空型，其重量与相似大小的哺乳动物并无太大区别。鸟爪位于鸟类自重中心，以维持稳定性。胸骨处附着一块发达的胸肌，特别利于飞行。

从比例上看，鸟类心脏较大，呼吸系统极其高效，二者的结合满足了鸟类因高代谢而对氧气的大量需求。

许多鸟类根据自身的具体需求，形成了不同的飞行特征。一些鸟类适合长途飞行，如北极燕鸥，每年从北极迁徙到南极时，可飞行4万千米。其他一些海鸟，如红腹滨鹬，同样也进行长途飞

飞行者

白头海雕（*Haliaeetus leucocephalus*），全身长满羽毛，骨骼轻，利于在空中保持稳定性。

鸟巢和雏鸟

除了长满羽毛之外，产卵和通过自身热量进行孵化，是鸟类异于其他动物的又一特征。雌鸟和雄鸟皆可进行孵化，这取决于具体的物种类别。雏鸟一直待在亲鸟身边，直至学会飞行。

笛鸻

Charadrius melodus

行。还有一些鸟类的飞行速度出乎意料得快，如游隼，从高处俯冲向猎物时速度可达 300 千米 / 小时。此外，有几种雨燕不仅飞得快，且飞行模式多变。蜂鸟是唯一一种既可向前也可向后飞行的鸟，这使它们能准确无误地将喙伸入准备食用的花朵里。

繁殖

所有鸟类均是卵生动物，通过孵卵繁殖。不同种类的鸟，鸟卵的大小、重量、数量及颜色各不相同。雌鸟或雄鸟进行孵化（取决于鸟的种类），直至雏鸟出生。选择配偶和交配之前，雄鸟将通过一系列仪式性信号向雌鸟求偶。信号分为 3 种：视觉信号，如抖动或展示羽毛；化学信号，如散发信息素或其他物质；声音信号。所有鸟类求偶行为中最特别的要数鹤了。繁殖季节即将来临时，鹤就开始了持续时间长且令人印象深刻的求偶行为，包括跳跃、竞赛和飞行等，并伴随着独具特色、强劲且响亮的叫声。

大部分鸟类会筑巢，用于存放鸟卵。鸟类筑巢的地方极其多样化，它们通常会花相当长一段时间来最终确定巢穴所在地。鸟巢的形式、尺寸和材料各不相同。一些鸟巢十分结实耐用，比如一些灶鸟用泥土筑巢，又比如一些织布鸟用植物纤维筑巢，筑的巢看起来像悬挂的包。也有其他一些鸟的巢极不稳定，如红腹滨鹬和燕鸥，它们仅为了产卵而将地面的凹坑当作巢穴。

栖息环境

鸟类分布于各个大陆，且近一半的鸟类会进行迁徙，它们会利用各种环境中更好的条件进行繁殖和觅食。全部或绝大部分同种鸟类的迁徙是周期性的。

发达的感官

对于大多数鸟类而言，视觉和听觉是它们最发达的感官。而秃鹫等少部分鸟类的嗅觉则更为重要，更利于其在植被中发现动物尸体。然而鸟类的味觉感官是极不发达的。

视觉有助于鸟类觅食，同时便于其发现远处的捕食者。从鸟类的身体比例

在空中
借助空气气流，美洲鹤（*Grus americana*）可飞起并扇动翅膀。

来看，它们的眼睛较大，其在头颅上的位置决定了视角范围。眼睛长在前额，有助于猎食；眼睛长在两侧，对那些需要监视四周环境、避免捕食者进攻的鸟类而言更有利。视觉对于感知社交行为（如求偶）同样也很重要，尤其是针对某些鸟类。此外，对于沟通、猎食等活动而言，听觉是基本的感官。

声音

鸟类通常凭借叫声来进行沟通。一些情况下，雄鸟通过发出悠扬的歌声来吸引雌鸟的注意（繁殖季节即将来临时），或宣布领地权并击退入侵者。此外，鸟类也会发出声音联络配偶或向同群鸟发出警告。甚至雏鸟出生时，也通过尖叫，向其父母索要食物。

鉴别

为了通过外观特征来区分不同种类的鸟，专家们根据颜色和外观划定区域，观察其不同特征。此外，也可通过体积大小、形态、轮廓及比例来鉴别。各种鸟的声音也被视为一个有利的辅助工具。

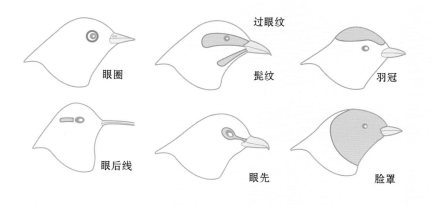

眼圈　　过眼纹　　髭纹　　羽冠

眼后线　　眼先　　脸罩

解剖特征

大部分鸟类具备多种利于飞行的特征，比如高效的循环及呼吸系统，内含空气的中空型骨骼，以及用于消化食物的肌胃。鸟类属于卵生动物，其生殖系统在交配期间膨大。由于具备上述特征，鸟类成为全球分布范围最广的脊椎动物群之一。

中空骨骼

关于飞行，鸟类面临着一个巨大的挑战：需要尽可能地减轻自重。鸟类的骨骼中空且坚硬，减轻了骨骼自重；同时，内部骨骼紧密结合，提高了骨强度；头骨及前肢等骨头相连。总体上看，鸟类骨骼总数较其他脊椎动物的少。它们的脊柱坚硬，除了颈椎之外，大部分脊椎相连。如今的鸟已没有牙齿，演化出角质化的喙，喙位于下颌骨上方。

消化系统

虽然鸟类没有牙齿，不会咀嚼，但它们拥有高效的消化系统，能快速消化食物。食物通过咽喉进入食管，然后到达胃部。胃分为两部分：腺胃，分泌胃液；肌胃，功能与哺乳动物的牙齿相似，负责消化食物。有时，鸟类会有意地摄食碎石或沙砾，以帮助磨碎食物。消化系统的末端是泄殖腔，排泄系统和生殖系统共用该器官。

生殖系统

全年大部分时间里，鸟类的生殖系统处于紧缩状态。但是繁殖期间，该系统膨大，并发挥作用。雄鸟趴在雌鸟背部，将精子通过泄殖腔输送到雌鸟体内。一般而言，雌鸟只使用左侧卵巢和输卵管，此时右侧卵巢会退化变小。在输卵管中生成受精卵，然后将腺体输送到泄殖腔，卵白、薄膜及外壳慢慢形成，并在体内着色，最后生成卵。

循环系统

鸟类的心脏相对较大，且心率很快。脉冲数与体形大小成反比。大型鸟类，如鹅，静态时每分钟心跳可达80次；而蜂鸟在飞行状态下，每分钟心跳高达1000次。鸟类的血压与相同体形的哺乳动物相似。

心脏

鸟类的心脏与爬行动物相似，不同的是它们拥有4个腔室，而非3个。左侧心脏向全身输送血液，因此发育得更好。右侧心脏仅向肺部输血，相比而言，发育欠佳。

1 **血液**
流入左右两侧血管。

2 **心室放松**
房室瓣开放。

3 **心室收缩**
血液开始流通。

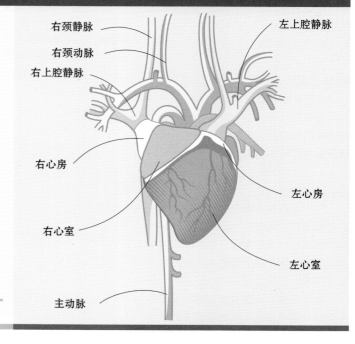

右颈静脉
右颈动脉
右上腔静脉
右心房
右心室
主动脉
左上腔静脉
左心房
左心室

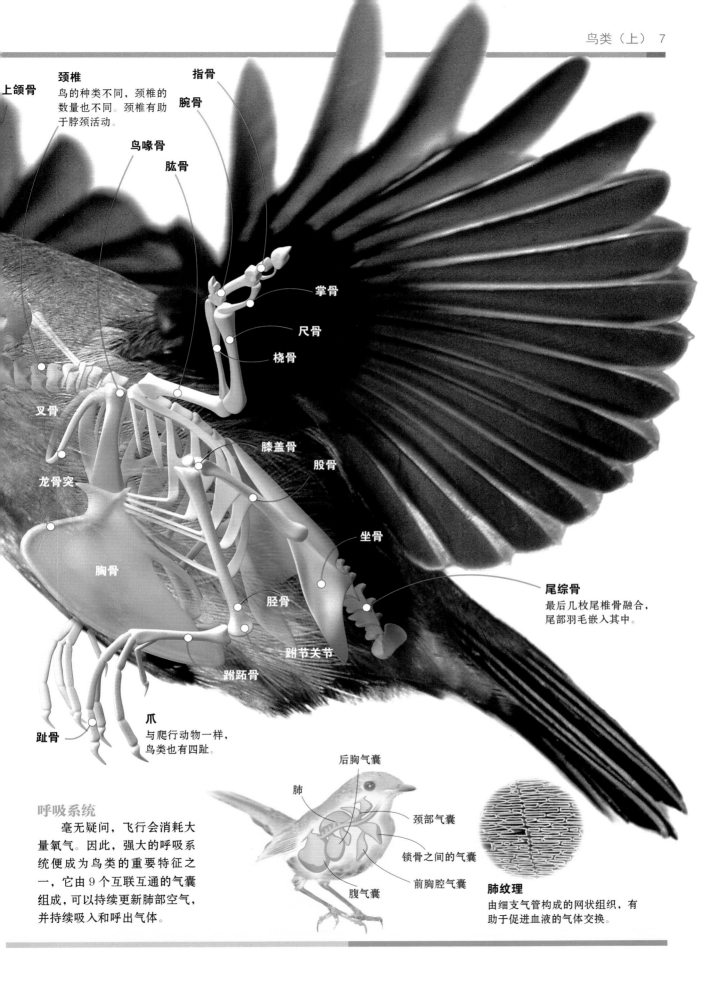

上颌骨

颈椎
鸟的种类不同，颈椎的数量也不同。颈椎有助于脖颈活动。

指骨

腕骨

鸟喙骨

肱骨

掌骨

尺骨

桡骨

叉骨

膝盖骨

股骨

龙骨突

坐骨

胸骨

尾综骨
最后几枚尾椎骨融合，尾部羽毛嵌入其中。

胫骨

跗节关节

跗跖骨

趾骨

爪
与爬行动物一样，鸟类也有四趾。

呼吸系统
　　毫无疑问，飞行会消耗大量氧气。因此，强大的呼吸系统便成为鸟类的重要特征之一，它由 9 个互联互通的气囊组成，可以持续更新肺部空气，并持续吸入和呼出气体。

后胸气囊

肺

颈部气囊

锁骨之间的气囊

前胸腔气囊

腹气囊

肺纹理
由细支气管构成的网状组织，有助于促进血液的气体交换。

起源及祖先

　　鸟类的进化史曾是科学家们激烈争论的一个话题。无论是过去还是现在，都存在不同的鸟类进化理论。当今被广泛接受的一种理论为：鸟类起源于兽脚类恐龙时期。始祖鸟是已知的最早的鸟类，拥有翅膀，全身长满羽毛，同时还具备许多爬行动物特有的特征。

早期理论

　　19 世纪英国生物学家托马斯·H.赫胥黎，是继达尔文发表《物种起源》不久之后，提出"鸟类起源于小型肉食动物——兽脚类恐龙"理论的第一人。该理论现已被广泛接受。最新的骨学研究、动物研究（关于受精卵）、行为等相关研究均表明鸟类属于兽脚亚目中的手盗龙类。

关键部位

　　1861 年，于巴伐利亚（德国）发现了一块具备爬行动物特征的化石，但在其中发现了长满羽毛的翅膀和尾巴，人类由此开始了解鸟类的进化史。该物种被称为

始祖鸟，是最早的鸟。据估计，始祖鸟生活于约 1.5 亿年前的侏罗纪晚期。

　　和现代鸟类一样，始祖鸟全身长满羽毛。但是其头颅与现代爬行动物和以前的兽脚类恐龙相似，颚骨上有和爬行类动物一样的牙齿。拥有叉骨和锁骨相互融合形成的半月形骨，同时具备兽脚类恐龙和鸟的特征。翅膀末端，有三趾，并带有利爪，据推测，这是用于攀爬树木以获取猎物。此外，始祖鸟翅膀上的羽毛拥有不对称的飞羽，这是所有会飞的鸟具备的特征。从新生代（6500 万年前）起发现的所有鸟类已无牙齿，从始新世（4500 万年前）开始，鸟类即与现代鸟极为相似。

其他

近些年，还发现了其他早期鸟类，但年代均比始祖鸟晚。

椎尾

由21或22块骨头组成。现代鸟类的最后几枚尾椎骨融合，结为一体，形成尾综骨。

蜥蜴类骨盆

非鸟类的初龙的髋骨及股骨。

化石记录

　　1861 年，人类发现了第一块始祖鸟化石，现存放于英国博物馆。从那时起，就出现了多个化石标本，虽然其中一些极其残缺不全。最完整的标本保存于柏林博物馆。从化石上看，在其骨架的周围有羽毛存在。鸟类的遗骸是极其稀缺的，这使得对鸟类化石的研究非常艰难。因鸟的骨骼中空，数千年来，其尸体很难完整保存。随着时间的流逝，头骨部分是最容易受影响的。此外，只有在极其特殊的环境下，羽毛才能完整保存。

始祖鸟
Archaeopteryx lithographica

古代及现代

　　进化过程中，大部分鸟类已灭绝，目前仅剩近 1 万种，种类数量不及古代的 10%。

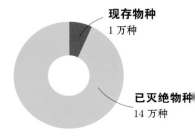

现存物种
1 万种

已灭绝物种
14 万种

从爬行动物到鸟

科学家们就"从爬行动物进化到鸟"这一论题提出过多种进化理论，但无一得到认可。至今仍不确定其中哪条进化线建立了二者之间的联系。据推测，恐龙飞行是为了保护恐龙卵，确保物种的延续性。主要有树栖理论、善跑理论及亲本理论。

A 树栖理论

该理论认为，鸟类的飞行功能是从草食性爬行动物和兽脚类恐龙进化而来的。首先，它们像降落伞一样下落；然后，在树木之间滑翔。随着不断进化，又学会俯冲，可覆盖更长的距离。

攀爬　　跳跃　　滑翔　　俯冲

B 亲本理论

爬行动物攀爬上树，以防止其后代受捕食者的进攻。

在高处筑巢

C 善跑理论

该理论认为，鸟类起源于双足恐龙，有化石为证。这种恐龙奔跑速度极快，手臂进化生成翅膀，以确保跳跃时的稳定性。

跑　　跳跃　　俯冲

三趾爪
前肢上长有3根长趾，每一趾都带有锋利的爪子。

腕部
与现代鸟类相比，此关节更灵活。与恐龙类似。

颈椎
移动时颈椎有兽脚类恐龙的凹陷连接部位，但无鸟类的鞍形部位。

带牙齿的爬行动物颌骨
无现代鸟类的角质喙。两颌中均有锋利的牙齿。

叉骨
锁骨融合，形如回旋镖。这是许多兽脚类恐龙的特征。

头颅
与现代爬行动物和古代兽脚类恐龙相似，有方形头骨向前倾斜，颊骨薄且直，前眶骨位于眼窝和前眶开口之间等特征。头和耳朵的位置表明其拥有良好的方向感。

肋骨
腹部有肋骨，这是爬行动物和恐龙的典型特征。

未融合的跗骨
现代鸟类跗骨和跖骨融合，形成跗跖骨。

趾
爪通常有四趾。第一趾不起支撑作用，是相对的。（鸟类可沿第二、三、四趾垂直方向运动）

始祖鸟
头颅中有多个开口和膜孔。

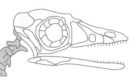

现代鸟
更轻，许多骨头融合。

分类

不同种类的鸟具备不同的特征，体形大小、颜色、叫声、所处生态位及地理区域等各不相同。早期时，科学家们按照鸟类不同的形态特征进行分类，但现代分类已包含许多其他因素，尤其是遗传物质或 DNA 分析。

如何分类

系统，即基于物种相似程度进行分类的科学分支。考虑到机体之间的进化关系，并构建起家族树，以便详细了解物种的进化史。因此，通过采用先进技术，比较物种的形态、解剖结构、行为、化石及 DNA 或遗传物质等，可以了解两个物种之间的相似程度。一般而言，两个物种 DNA 相似程度越高，其亲缘关系越密切；相似程度越低，则亲缘关系越薄弱。

鸟类命名

命名法，即负责物种命名的分类学分支。18 世纪，瑞典生物学家卡尔·冯·林奈提出了双名法则。该法则建议，用两个单词来命名所有生物。第一个单词对应属，第二个单词（具体的词）完善物种的名称。该名称（拉丁语）是全球通用的，不会引起歧义，且无须另起一个当地名称。2~3 个物种可归为相同属，多个属可归为科，多个科可归入一个目，多个目又可归入一个纲。这样分类，鸟纲、鱼纲、两栖纲、爬行纲和哺乳纲等就同属脊索动物门。

学名
许多鸟类在各个地区拥有不同的通用名称，以避免混淆。

鸟纲			
鹬鸟			
目：鹬形目		科：1	种：47
美洲鸵			
目：美洲鸵目		科：1	种：2
鸵鸟			
目：鸵形目		科：1	种：1
鹤鸵和鸸鹋			
目：鹤鸵目		科：2	种：6
几维鸟			
目：无翼鸟目		科：1	种：3
鸡形目			
目：鸡形目		科：5	种：290
喳喳雉			
科：凤冠雉科			
新大陆鹌鹑			
科：齿鹑科			
家雉			
科：雉科			
火鸡、山鸡、鹧鸪等			
科：雉科			
珠鸡			
科：珠鸡科			
水禽			
目：雁形目		科：3	种：162
鸭、鹅和天鹅			
科：鸭科			
叫鸭			
科：叫鸭科			
鹊鹅			
科：鹊鹅科			
企鹅			
目：企鹅目		科：1	种：17
潜鸟			
目：潜鸟目		科：1	种：5
信天翁和鹱			
目：鹱形目		科：4	种：142
信天翁			
科：信天翁科			
海燕			
科：海燕科			
鹈燕			
科：鹈燕科			

鸲
科：鸲科

鹟鹀
目：鹟鹀目　　科：1　　种：22

火烈鸟
目：红鹳目　　科：1　　种：5

鹭、鹳等
目：鹳形目　　科：3　　种：116
鹭和麻鳽
科：鹭科
鹳
科：鹳科
朱鹭和琵鹭
科：鹮科

鹈鹕
目：鹈形目　　科：8　　种：65
军舰鸟
科：军舰鸟科
鹈鹕
科：鹈鹕科
热带鸟
科：热带鸟科
鸬鹚
科：鸬鹚科
鲣鸟
科：鲣鸟科
蛇鹈
科：蛇鹈科
锤头鹳
科：锤头鹳科
鲸头鹳
科：鲸头鹳科

昼猛禽
目：隼形目　　科：3　　种：304
鹰、鸢等
科：鹰科
美洲秃鹫
科：美洲鹫科
红隼和长腿兀鹰
科：隼科

鹤及其他
目：鹤形目　　科：11　　种：212
秧鹤
科：秧鹤科
叫鹤
科：叫鹤科
日鸦科
科：日鸦科
鹤
科：鹤科
日鹇
科：日鹇科
拟鹑
科：拟鹑科
鸨
科：鸨科
领鹑
科：领鹑科
喇叭鸟
科：喇叭鸟科
黑水鸡
科：秧鸡科

三趾鹑
科：三趾鹑科

海鸥、燕鸥和海雀
目：鸻形目　　科：17　　种：367
海雀、海鸠、海鹦及其他
科：海雀科
石鸻
科：石鸻科
鸻
科：鸻科
南极海鸟
科：鞘嘴鸥科
蟹鸻
科：蟹鸻科
燕鸻
科：燕鸻科
蛎鹬
科：蛎鹬科
鹮嘴鹬
科：鹮嘴鹬科
雉鸻
科：雉鸻科
海鸥、鸥、燕鸥及其他
科：鸥科
反嘴鹬
科：反嘴鹬科
彩鹬
科：彩鹬科
鹬、翻石鹬、矶鹬及其他
科：鹬科
贼鸥
科：贼鸥科
籽鹬
科：籽鹬科
剪嘴鸥
科：剪嘴鸥科
燕鸥
科：燕鸥科

鸽子和沙鸡
目：鸽形目　　科：1　　种：308

鹦鹉和凤头鹦鹉
目：鹦形目　　科：1　　种：364

麝雉
目：麝雉目　　科：1　　种：1

蕉鹃
目：蕉鹃科　　科：1　　种：23

杜鹃
目：杜鹃科　　科：1　　种：138

猫头鹰
目：鸮形目　　科：2　　种：180
猫头鹰及小猫头鹰
科：鸱鸮科
草鸮
科：草鸮科

夜鹰和蛙嘴夜鹰
目：夜鹰目　　科：5　　种：118
裸鼻鸥
科：裸鼻鸥科
夜鹰
科：夜鹰科
林鸱
科：林鸱科

蟆口鸱
科：蟆口鸱科
大怪鸱
科：油鸱科

雨燕和蜂鸟
目：雨燕目　　科：3　　种：429
雨燕
科：雨燕科
凤头雨燕
科：凤头雨燕科
蜂鸟
科：蜂鸟科

鼠鸟
目：鼠鸟目　　科：1　　种：6

咬鹃
目：咬鹃目　　科：1　　种：39

翠鸟
目：佛法僧目　　科：8　　种：200
翠鸟
科：翠鸟科
犀鸟
科：犀鸟科
佛法僧
科：佛法僧科
食蜂鸟
科：蜂虎科
翠鸿
科：翠鸿科
林戴胜
科：林戴胜科
短尾鸿
科：短尾鸿科
戴胜鸟
科：戴胜科

啄木鸟和须䴕
目：䴕形目　　科：5　　种：398
喷䴕
科：喷䴕科
鹟䴕
科：鹟䴕科
响蜜䴕
科：响蜜䴕科
啄木鸟
科：啄木鸟科
巨嘴鸟
科：巨嘴鸟科

鸣禽
目：雀形目　　科：96　　种：5753
阔嘴鸟
亚目：阔嘴鸟亚目　　科：4
灶鸟及相关鸟
亚目：灶鸟亚目　　科：18
鸣禽
亚目：鸣禽亚目　　科：2
霸鹟及相关鸟
亚目：霸鹟亚目　　科：7

这种分类是以狄金森的分类为基础，同时也引用了《全球鸟类生活》和《世界鸟类手册》中提出的一些标准。

飞行

鸟类祖先及其后代的翅膀与身体其余部分相互结合，运动时产生压力流和空气流，便可以飞行。各物种因其体形大小、翅膀和尾巴的形状以及栖息环境的不同，具有不同的飞行模式。最主要的飞行动作为俯冲和滑翔。

带翼物种

大部分鸟类的构造均有助于飞行。飞行肌附着于带龙骨突的胸骨上，飞行肌收缩时，翅膀向下运动，促进鸟类向前移动。飞行肌放松时，翅膀向后、向上运动，羽毛产生气动动力。鸟类尾部的样式亦影响飞行。比如，金刚鹦鹉，两翼和尾巴展开，虽然体积较大，但两翼相对较窄且呈锥状，因而飞行速度快。

波形飞行路线

俯冲飞行过程中，不会立即产生支撑力。因此，大部分鸟类需要通过拍动翅膀来获取足够的起飞力量。波形飞行路程中，鸟类交替拍打翅膀。

4800
蜂鸟翅膀每分钟拍打的次数。求偶期间，拍打次数高达每秒200次。

羽毛结构
从中轴或脊柱处，羽毛向外分散或形成倒羽，侧羽毛相互交织，形成倒羽。

上升   下降

① 推进
鸟用力地拍动翅膀，以便飞行，并逐步上升。

拍动着的翅膀
当翅膀向下展开时，产生大部分的翅膀扑扇力。

折翼
保存扑扇力，任折翼下落，节省能量。

② 休息
休息间隔时间短。当推进力消失时，再次拍动翅膀，向后呈波形运动。

大型陆栖鸟滑翔

鸟类双翼展开并固定下来时，开始滑行。这种飞行会消耗少量能量，但随着速度下降，飞行高度也下降。遇到下降气流时，抬升力下降。

Ⓐ 上升
受到热气流的作用时，鸟类无须拍动翅膀，就可起飞。

Ⓑ 直线滑行
抵达最大高度时，开始直线飞行。

Ⓒ 下降
缓慢滑翔，且逐渐下降。

Ⓓ 上升
再次受到热气流的影响时，开始再次上升。

热气流   冷空气   热气流

城市影响因素
随着城市化的加剧，物种栖息地不断减少，更多的物种生存受到影响，如长冠八哥。

旋转飞行
蜂鸟沿两个方向摆动翅膀旋转飞行，以固定在一个点上。

初级飞羽
附着于鸟类掌骨上，基本上起拍击空气、辅助飞行的作用。

翅膀类型
各鸟类之间，翅膀形态、尺寸、羽毛数量等各不相同。

外部初级飞羽，较长。

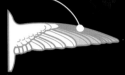

飞翼
较大且密集的飞羽，起拍打飞行作用。飞翼表面积小。

飞羽
飞羽又长又硬，起平衡和控制方向的作用。共分为初级、次级和三级。

次级飞羽较初级飞羽短。

椭圆翼
许多种类的鸟均有椭圆形羽翼，灵活性强，利于多种飞行模式。

廓羽
覆于鸟身之上，形成防风外壳，比飞羽小。

三级飞羽
锚定在肱骨上，作为翅膀上其他羽毛的保护外壳。

羽翼基部宽，初级羽毛独立分布。

陆地鸟的滑翔翼
羽翼较宽，支持低速滑翔；独立的飞羽则起平衡作用。

绒羽
比其他部位羽毛更柔软，位于正羽下面，形成隔热层。

绿翅金刚鹦鹉
Ara chloropterus

拥有大量的次级羽毛。

海洋鸟的滑翔翼
羽翼较长，且较窄。可支持逆风滑翔。

羽翼的气动学
羽翼形态及运动，产生了不同速度和压力的空气气流循环，以支持鸟类飞行，有时甚至可以长时间飞行。

上层
速度最快的空气

下层
速度最慢的空气

抬升力
羽翼上层呈弧形，因此空气顺着上层经过一段稍长距离，然后快速流经下方。如此一来，产生了一股抬升力或支撑力。

栖息地及环境

从寒冷的极地到热带雨林，从平原到高山，鸟类的足迹遍布全球。如今，鸟类栖息于各大陆地和海洋岛屿中。不同的生态地理区，鸟类分布不同，这取决于现有环境广度和多样性等因素。大部分鸟类栖居于新热带区，近 3400 种；而南极洲仅有 50 种。

多样性

热带雨林是鸟类品种最为丰富、数量最多的区域。比如，哥伦比亚和秘鲁等国家，分别拥有大约 1700 种鸟，几乎是整个欧洲地区的 2 倍。同时，广阔的亚马孙地区，栖居着近 1500 种不同的鸟。

一般而言，在一个特定区域，每一物种的栖息环境均具备独特性，受气候、捕食者、食物或筑巢地点等因素影响，某物种为某地区特有，且在其他地方没有，则被称为"地域性物种"。一些鸟类生存在极其有限的地区。黑喉绿阔嘴鸟（*Calyptomena whiteheadi*），绿黑相间，仅栖居于印度尼西亚婆罗洲北部山地区域。叉扇尾蜂鸟（*Loddigesia mirabilis*），中等体形，尾部仅有 4 根

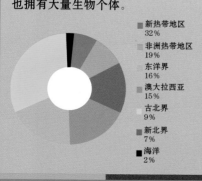

- 新热带地区 32%
- 非洲热带地区 19%
- 东洋界 16%
- 澳大拉西亚 15%
- 古北界 9%
- 新北界 7%
- 海洋 2%

羽毛，其中两根较醒目。共有 1000 多只，现被列为濒危物种，仅栖息于秘鲁北部马拉农河里奥乌特库班巴流域一片面积约 50 平方千米的狭窄森林区域。相反，一些鸟类分布范围极广。如鱼鹰（*Pandion haliaetus*）和仓鸮（*Tyto alba*），生存在除南极之外的所有大陆地区，并被 190 个国家视为原生物种。

极端

为适应不同环境，鸟类表现出惊人的进化特征。栖居于沙漠的鸟类，体温高于同一环境中的哺乳动物。黑腹翎鹑（*Callipepla gambelii*）栖居于美国西部和墨西哥西北部沙漠，体温高达 42 ℃。而根据记录，同一地区的郊狼体温仅为 39 ℃。此外，鸟类可通过四肢释放多余的热量。我们熟知的走鹃（*Geococcyx californianus*），在沙漠寒冷的夜晚里，这种鸟进入暂时的冬眠（称为"迟缓"）。日出之后，露出背部深色皮毛区域，以便快速吸收热量。高山地区的蜂鸟也具备相似特征（如山蜂鸟属）。

一些鸟类栖息于高海拔地区。安第斯神鹫（*Vultur gryphus*）栖居于安第斯山脉和太平洋毗邻海岸，海拔达 5000 米。斑头雁（*Anser indicus*）的栖居地区海拔更高，在西藏和印度之间的迁徙途中，它们可飞越喜马拉雅山脉，甚至到达珠峰 8000 米高处。但是最高纪录持有者为黑白兀鹫（*Gyps rueppelli*），1975 年，一只兀鹫飞行于非洲上空海拔 11.5 千米高处，与一架

飞机相撞。鸟类的一些生理适应性使其具备了这样的飞翔成绩：在稀薄的空气中，鸟类通过肺部吸入空气，每吸入一次，可循环两次。

近 600 种鸟类在生命周期中的某一时刻，对水的依赖性很强，这类鸟被称为"水鸟"。包括信天翁（96% 的时间飞行于大洋之上）、草鹭鸶（经常滑翔于平静的低水面上）等。这是一群弱势物种，受淡水湿度降低、海岸和海洋栖息环境变差、食物减少等因素影响，近些年来这些物种数量大大下降。

城市

数万种鸟栖居于城市中。虽然城市的发展破坏了自然栖息环境，但也创建了新生态环境，一些物种开始栖居于此。在人口密集地区，许多鸟类可找到庇护所、食物和水，且捕食者较野生环境中少。

鸟类在城区的扩张速度相对较快，欧洲著名的例子之一为乌鸫（*Turdus merula*），以前只栖居于森林中，但自19世纪初期起，开始出现于德国西部城区公园；20世纪初期，出现于波兰城区；50年后，出现于加里宁格勒（俄罗斯）、布尔诺（捷克）和索菲亚（保加利亚）。近些年来，在奥斯陆（挪威）、赫尔辛基（芬兰）和基辅（乌克兰）等地也发现了乌鸫。此外，乌鸫的子目物种也开始在伊斯坦布尔（土耳其）、第比利斯（格鲁吉亚）和阿拉木图（哈萨克斯坦）出现。

根据科学家的最新发现，某些城市化鸟类与同一品种野生鸟相比，习性存在不同之处。比如逃跑飞行更短（与人类互动而进化）、迁徙趋势更弱以及繁殖期持续时间更长。

适应环境
鸟类特征与环境密切相关。鱼鹰肢体粗壮，有助于捕鱼。

城区分布最多的鸟

一些物种，如家麻雀分布于全球大多数城镇地区。

家麻雀
Passer domesticus

繁衍

　　所有物种均懂得谋求延续。鸟类中，通常雄鸟会限定一片领地开始求偶。一些雄鸟试图与许多雌鸟交配，而雌鸟则试图选择某只特性最优的雄鸟，它们会选择羽毛颜色最醒目的雄鸟，或求偶部署更精细或更有趣的雄鸟。

配偶及征服

　　对任何物种而言，求偶都并非易事。对鸟类而言，这也是一项艰巨的任务。动物界最有趣的事情之一即是相互选择。90%的鸟类是一夫一妻制的，组成配偶，度过整个繁殖期甚至一生。许多天鹅（天鹅属）即是如此。

　　进化过程中，雄鸟发展了不同的"策略"，以在求偶期间吸引对应的雌鸟，包括展示色彩鲜明的羽毛、礼物、舞蹈和精心准备的飞行表演。

　　虽然雄鸟做了很大努力，但最终选择权还是属于雌鸟。它们根据形态特征选择看起来健康或适合的雄鸟。比如美洲家朱雀（*Carpodacus mexicanus*），倾向于选择胸脯和前额羽毛色彩较亮、呈红色或橙色的雄鸟。长刺歌雀（*Dolichonyx oryzivorus*）选择那些在求偶期间飞行时间最长的雄鸟。尾巴、鸟冠或斑点大小等特征也会提高雄鸟的吸引力。

　　求偶活动极其复杂且丰富多样。安第斯神鹫（*Vultur gryphus*）发出沉重的鼻息；信天翁（信天翁科）表演千篇一律的舞蹈（包含"向天呼喊"），抬起鸟喙并发出奶牛般的叫声；南美洲草原鸟鹪鹩（鹪鹩科）从高处向下滑翔，如同表演杂技一般，并发出它们特有的极其复杂的声音。

系统多样性

　　"求偶场"是众多求偶形式中最奇特的特点之一，雄性物种聚集于一块限定区域，并在此通过表演或演示，向雌性物种求偶。雌性物种通常在求偶场围观，最后与最吸引它的雄性组成配偶。该系统形成了鸟类中最常见的一夫多妻制，被称为"多雌性"。至少有85个物种采用这种特殊的求偶方式，包括侏儒鸟（侏儒鸟属）、雉（雉属）、安第斯动冠伞鸟（动冠伞鸟属）、黑翅鸢（黑翅鸢属）及蜂鸟（蜂鸟科）。比如，黑翅鸢排队轮流"上台表演"。

　　极少物种中，雌性与多个雄性组成配偶，在求偶中扮演主导者，并保卫领地。

赠送食物
一些物种通过赠送食物来求得配偶。

筑巢

鸟类筑巢是为了产卵并进行孵化，保护鸟卵免受捕食者和恶劣环境的影响，（许多物种）在这个安全环境中喂养雏鸟，直至它们长大，飞向世界。鸟巢的形式、大小、位置及材料各不相同，约有十几种。一些鸟类甚至采用人造材料来筑巢的如钉状物、化纤布料或塑料碎片等。

有的巢穴很简陋，比如土壤中简简单单的洞穴，或者是岩石中生成的自然洼地。不过最常见的鸟巢是盘状或杯状的，一般由草、树枝及羽毛与植被、泥土、蜘蛛网或唾液"合并"而成。此外，有的鸟巢还在树洞或土壤洞穴中。

鸟巢大小多样。可以如吸蜜蜂鸟（*Mellisuga helenae*）鸟巢一般微小，直径仅为2厘米；也可以如澳洲丛冢雉的冢一般大，如曾发现过的一个冢，其长为18米、宽为5米、高为3米，重量高达50吨。

筑巢所需时间从几天到几周不等，有时候，雌鸟承担大部分的"泥瓦匠"工作。也有很少的一些种类，筑巢以供合住，如非洲西南部的群居织巢鸟（*Philetairus socius*），同一屋檐下居住着上百只，成对成对分布。每8只鸟形成一个组或集群。海鸟尤其倾向于这种筑巢方式，比如，秘鲁沿海岸处，400万至500万只南美鸬鹚（*Phalacrocorax bougainvillii*）形成一个集群。

产卵及孵化

卵的数量是多变的，取决于雏鸟的存活率及抚养雏鸟所需的精力。许多海鸟只产1枚卵，如漂泊信天翁（*Diomedea exulans*），孵化之后，将喂食雏鸟长达9个月，直至它们可以离巢。大部分鸣禽可产3~6枚卵，其他一些鸟，如青山雀（*Parus caeruleus*）可产6~12枚卵；少部分鸟（野鸡和鹧鸪）产卵数量超过12枚。大部分鸟一天产一枚卵。

鸟类的孵化期也各不相同。可短至10天，如非洲的红嘴奎利亚雀（*Quelea quelea*）和啄木鸟；或长达3个月，如最大的信天翁（信天翁科）和新西兰的褐几维鸟（*Apteryx australis*）。孵化期间，

最佳温度为37~38℃。大部分鸟类中，雌鸟和雄鸟"轮流值班"孵化，根据鸟种不同，轮流孵化时长从一两个小时到一个月不等。近1%的鸟类采用巢寄生方式，即指某些鸟类将卵产在其他鸟的巢中，由其他鸟（义亲）代为孵化。这种方式使得在繁殖季节，鸟类产卵数量可超过一个巢可容纳的数量，最大化繁衍后代的概率，并最小化产卵、孵化及喂养所消耗的能量。巢寄生行为可发生在同一物种身上，也可发生在不同物种之间。

确保雏鸟的安全
鸟类采用极其多样的材料来筑巢，如树枝、草、泥土及粪便。

性别二态性

性别二态性是指一些物种两性外观或大小有显著差异，雄性通常颜色更鲜明。比如公鸡和母鸡，公鸡有红色鸡冠，重量为母鸡的2倍。相反，猛禽中，雌性体形更丰满，尽管其羽毛并无差异。

体积大小
疣鼻天鹅（*Cygnus olor*）性别二态性仅体现在体形大小方面，雄性体形较大。

多方面
美洲家朱雀（*carpodacus mexicanus*），雌雄鸟体形和羽毛颜色均有差异。

羽毛
绿头鸭（*Anas platyrhynchos*），雄鸟头及颈部为深绿色，雌鸟为棕色。

特征
小军舰鸟（*Fregata minor*），只有雄鸟有鲜红色喉囊，在繁殖季节，喉囊会膨胀。

雏鸟的发育

不同种类的雏鸟，出生时发育程度不同。一些鸟类，如鸭子和美洲鸵鸟，出生不久后，即可浮游或行走。其他鸟类出生时未长羽毛，需要亲代悉心照料才可生存，如鸣禽和蜂鸟，依靠在鸟巢中吸取的热量来发育。猛禽、苍鹭和鹳等属于晚成鸟。

出生

10~60 天的孵化期之后（各物种孵化时间不同），雏鸟即将出生。鸟卵破了之后，雏鸟沿着卵内皮爬行，并用爪子往外推。大多数鸟类首先伸出卵壳的通常是头部，涉水鸟类和陆地鸟类首先伸出来的是爪子。

35 分钟
这是一只麻雀冲破卵壳所需的时间。

成形
鸟分为早成鸟和晚成鸟。早成鸟，卵体积较大，孵化时间较长；而晚成鸟卵则较小。

早成鸟
孵化空间更大，时间更长，雏鸟发育程度更高。

晚成鸟
卵较小，孵化期短，雏鸟出生后更需亲鸟照顾。

卵壳
由碳酸钙组成，多孔，空气可流通。

肌肉孵化
当雏鸟准备冲破卵壳时，会向卵壳施加压力。

卵齿
卵齿是雏鸟喙部隆起的部分，用于啄破卵壁。并非所有鸟都有卵齿。

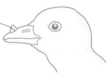

早成鸟

指那些出生时已发育良好、长满羽毛、可快速离巢的雏鸟。如鸭子，基本上一出生就跟着成鸭觅食，自给自足。一些涉禽和水鸟出生几小时后，即可独自照顾自己。

眼睛睁开
与晚成鸟不同的是，早成鸟出生时眼睛已经睁开。

24 小时
这是一只黑头鸭学会飞行需要花费的最少时间。

生长阶段
红腿石鸡（*Alectoris chukar*）出生几小时后，就可快速行走。两周后，即会飞行。

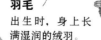

羽毛
出生时，身上长满湿润的绒羽。

A 30 小时
绒羽温度不变。可行走和觅食。

B 7~8 天
快速生长，翼尖处开始出现覆羽。

C 15 天
开始学会飞行，但飞行时间不长。开始吃更多的种子和花。

D 21 天
成年。可实现长时间飞行，开始吃植物。

脊背上的雏鸟
黑颈䴙䴘，出生后的前几天，栖息于母鸟的脊背上，母鸟如浮动着的巢。

极地气候
急剧的气候变化和刺骨的寒风造成大量幼企鹅的死亡。

晚成鸟

晚成鸟，指那些出生时未长羽毛、眼睛闭着且冲破卵壳力量弱小的雏鸟。出生后，它们会栖居在巢内一段时间，依靠亲鸟喂养。刚出生时，亲鸟会传递热量给雏鸟，并喂食。

饮食
父鸟和母鸟均须给其持续喂食。

喙内
一些雏鸟含有刺激性斑点，可刺激亲鸟给其喂食。

发光区

一些雏鸟喙内含有发光区，在黑暗中可见。

闭着的眼睛
晚成鸟出生时，眼睛是闭着的，几天后才能睁开。

未长羽毛
晚成鸟出生时没有羽毛，或者只有某些区域长有绒羽。

生长阶段

家麻雀（*Passer domesticus*）出生时很弱小，需要几天后才能睁开眼睛。两周后，才具备成鸟特征。

A 25 小时
家麻雀出生后的几小时内，几乎无法抬头乞求喂食。

B 4 天
睁开眼睛，可进行一些活动。开始长羽毛。

C 6 天
开始长趾甲，两翼也开始张开。雏鸟已能站立。

F 12~15 天
两翼和羽毛已成形。学会飞行，具备成鸟形态。

E 10 天
羽毛遍布全身，但仍未完全发育。

D 8 天
几乎全身都长满羽毛。肢体已发育良好。

12~15 天
晚成鸟通常要栖居在巢内12~15天。一些鸟甚至在巢内持续待两个多月。

生活习性

　　大部分鸟类习惯在白天活动，移动、觅食、保卫领地和繁殖；夜幕降临时，较难觅食，所以它们会休息。但是有些鸟科或鸟群仅在夜晚活动，如猫头鹰、小夜鹰、夜鹰及油鸥等，凭借一套类似蝙蝠的"回声定位"雷达系统，穿行于黑夜之中。

习性

　　与其他动物一样，鸟类也有生物钟，调节其在白天和黑夜以及一年四季中的活动。大部分鸟类在白天比较活跃，活动丰富，如划定猎物范围、觅食、打扮或是小憩一会儿。凌晨或拂晓，许多雄鸟开始鸣叫，声音更加洪亮，这也许是为了表明其存在、宣誓领地权和警告其他同系物种远离其配偶，也可以理解为迎接白天的到来。

　　繁殖季节中，鸟类也喜欢在阳光下求偶、交配或筑巢。夜晚来临时，大部分鸟类通常在白天活动的环境中休息。许多鸟类站立在树枝、树洞、地洞或植被丛中，头部埋在两翼中间，闭着眼睛休息。偶尔交替双足，以作为支撑。有的鸟类分开休息，也有的成群休息，使其面对捕食者威胁时，保持整体的警备状态。

　　但是，在任何情况下，鸟类都会保持肌肉张力，因为这可以使它们站立或悬挂在树枝上。快速眼动（*REM*）睡眠阶段时，人类一般会做梦，且每个周期持续时间为2分钟、10分钟或更长；但对鸟类而言，持续时间不超过9秒。与哺乳动物一样，鸟类睡眠具备不同的生理功能。斑胸草雀（*Taeniopygia guttata*），澳大利亚本地雀目，其雏鸟和幼鸟在睡眠中，会温习白天从成鸟那儿学到的叫声。

　　那些白天活动的鸟类，偶尔也会在夜晚开展活动。比如鸭子，利用夜晚时间，从一个水塘游到附近的另一个水塘觅食，有时候可以清晰地听见它们的声音。春季，直至夜晚来临，夜莺都还在唱歌，很可能是为了呼唤雌鸟。乌鸦和

生活习性的多样性
各个物种在不同时刻的活动均具有其对应的独特性。

白天活跃

　　鸟类通常将一天分为不同时段，开展不同的活动。比如棕胸佛法僧一天中约有57%的时间在树木或电线上观察周围环境，约有16%、12%和10%的时间分别用于觅食、飞行及"打扮"，其余5%的白天时间用于睡觉或休息，尤其是正午——一天当中最热的时候。

棕胸佛法僧
Coracias benghalensis

画眉（鸫属）通常在拂晓就开始鸣叫，许多城镇因此而得名。

　　1/3 的鸟类为了躲避寒冷会进行大规模迁徙。在此进程中，大部分鸟类选择日出之后开始迁徙，以便吸收更新鲜的空气（可减少脱水量），避免捕食者的侵扰，并利用白天时间觅食。比如白冠带鹀（*Zonotrichia leucophrys*），迁徙期间睡眠时间减少 60%。

夜间活动

　　对于其他一些鸟类而言，在夜间活动并非偶然事件。据计算，严格地说，1/3 的鸟类（可能还有更多尚未确定的）习惯在夜间活动。因为需要在夜间觅食，所以它们通常都有更敏锐的听觉或嗅觉。比如，灰林鸮（*Strix aluco*），一种以啮齿动物为食、在夜间活动的猛禽，在弱光下，其视觉敏感度是人类的 100 倍。此外，猫头鹰属的鸟类，其两翼羽毛是"特制的"，飞行时不会发出声音。它们那离散或隐秘的羽毛，便于其在环境中伪装自己。如此一来，白天休息时，便可保护自己。

良好的庇护所

　　但是除了昼夜循环会影响鸟类生活习性之外，大部分情况下，环境或气候发生剧烈变化时，其活动量也会大大减少。有时候，一股强风、巨大的热浪、暴风雨或其他大规模气象事件均迫使鸟类寻找洞穴或枝繁叶茂的大树作为避难场所。极端情形下，甚至会弃巢而去。

　　比如，遇到强降雨天气时，大部分鸟都停止鸣叫。不过，即使是暴风雨天气，槲鸫（*Turdus viscivorus*）也会发出独具特色的鸣叫声。

　　对于那些根据太阳或星星来判断迁徙方向的鸟类来说，强风或强降雨会扰乱其行进方向，尤其是对那些第一次飞行的幼鸟而言。当它们飞累时，可能会淹死在大海中，或在正常路线之外的地方停歇，直至重新找回方向。有时候，甚至会被迫偏离数百千米。

　　极端的气候现象通常具有破坏力。2010 年最后一晚，在美国阿肯色州约有 3000 只红翅黑鹂（*Agelaius*

筑巢
大部分鸟均有筑巢的生活习性。鸭子用秸秆和羽毛筑巢。

phoeniceus）死亡。虽然起因尚存争议，但据专家估计，可能是由高地闪电或强冰雹导致的。2011 年 3 月，日本海啸摧毁了位于夏威夷群岛环礁附近的中途岛野生动物保护区内 10 万多只信天翁雏鸟的巢穴。此外，飓风也会对鸟类产生影响，尤其是对那些在海岸边休息或筑巢的鸟。

　　不过，仍有一些社交鸟会聚集在一起，筑巢或觅食，成群迁徙或休息，这样就降低了个体遭受捕食者侵害的风险。

特殊睡眠

　　涉禽可在地面或浮在水面上睡觉。比如企鹅，它们可在开放性海洋中度过数日、数周甚至数月。据科学家们推测，它们白天会小憩几次，虽然尚无人观察到此现象的发生。据证实，鸭子可以睁着一只眼睛休息，以观察是否有捕食者出现。同样，雨燕夜晚可在 2000 米或海拔更高的高空中睡觉，任由空气气流拍打而不会掉落。

群居或独居

　　可以说，鸟类是极其爱好群居的动物。尤其在繁殖季节，海洋成为众多鸟类筑巢和喂养雏鸟的地方。陆地鸟中，八哥、乌鸦或食谷类鸟除外，它们通常更偏好独居。

混合飞行
飞行途中，普通拟八哥（*Quiscalus quiscula*）和红翅黑鹂（*Agelaius phoeniceus*）相间。

饮食

　　成千上万种已知的鸟中，尽管许多属于杂食性鸟，但仍有一些鸟的饮食习性极其特殊，只吃极少数种类的食物。比如蜂鸟，它们是食蜜鸟，几乎只以花蜜为食；或者蜂虎，拥有彩色羽毛，虽然也能捕捉在空中飞着的各种昆虫，但主要以蜜蜂为食。

饥饿的雏鸟
一些刚出生的雏鸟尚无觅食的能力，依靠亲鸟喂食。

栖息环境中的食物供应者

　　只要有可食动物或植物的地方，鸟类就能找到食物，比如知更鸟、鸽子或凤头距翅麦鸡等在土壤中寻找小型无脊椎动物；鹦鹉会获取果实、种子、嫩芽、昆虫、树液或皮层；涉水乌鸦沉入河流或小溪中，10~20秒之后，沿着河床"行走"，寻觅石头下方的昆虫及蠕虫；啄木鸟寻找树皮下的幼虫及昆虫；海岸鸟将喙伸入沙及海岸或陆地淤泥中，捕捉无脊椎动物。

选择食物

　　有一些鸟的饮食习性较独特，仅选择某些物质作为食物，这样可避免与其他动物竞争食物，但其平时摄入的猎物或食物数量也易受一些潜在变化影响。此外，根据具体需要，鸟类被迫按照季节变化来调整饮食清单。如蜂鸟，吮吸花蜜几乎是其能量的唯一来源。为了获取食物，蜂鸟每秒钟需扇动翅膀80次，以便停留在花冠中吮吸花蜜。但是一些蜂鸟倾向于依靠在树枝或石头上摄取食物，如普拉隐蜂鸟，这样

饮食频率
　　一些鸟类会疯狂地摄取食物，有的甚至是一秒钟抓一只昆虫；而大型猛禽一次饱腹之后，将禁食几天。雄性帝企鹅打破了饥饿记录——为期4个月的孵化过程中，仅依靠身体积聚的脂肪来提供能量。

帝企鹅
Aptenodytes forsteri

可以节省能量。白天，它们的耗能相当于其重量的两倍。有时候蜂鸟也会食用花丛中的昆虫或小蜘蛛，尤其是在植物花卉不太丰富的时期。

企鹅以海洋中的鱼及无脊椎动物为食。企鹅种类不同，饮食偏好不同，这就减少了同类之间的竞争。南极洲和亚南极地区的小型企鹅以磷虾和鱿鱼为食，而栖息于北部的企鹅则以鱼为食。一些猛禽，如蜗鸢（*Rostrhamus sociabilis*），主要以蜗牛为食，但最新研究表明，它们也食用螃蟹和鱼。

其他一些鸟类口味更多样化，如黄腹吸汁啄木鸟（*Sphyrapicus varius*），在树上凿孔，摄取树液和昆虫；油鸱（*Steatornis caripensis*），夜间寻觅棕榈果为食；响蜜䴕（响蜜䴕科），以蜡为食，尤其是蜂蜡，因此可作为人类和其他哺乳动物寻找蜂巢的向导。1569年，一名在莫桑比克从事神职的葡萄牙牧师在一篇文章中写到，响蜜䴕飞入教堂，吸食祭坛上的蜡烛。这是首次提及该鸟对蜡的特殊偏好。

进化特征

数千年以来，鸟类的形态和习性发生了许多变化，以便觅得更特别的食物，尽可能地利于其自身发展。

以种子为食的鸽子、雀、鸵鸟及其他鸟类通常也食用沙或碎石，以助于砂囊粉碎食物，并进行消化。同时，鹦鹉等也食用黏土，以中和某些果实和种子的毒性。

秃鹫以腐肉为食，它有一个腐蚀性很强的胃，可以杀死腐肉中的任何细菌。海鸟拥有特殊的腺，可以清除所摄入鱼类的多余盐分。许多鸟的外部特征也很鲜明，如鸟喙、肢体、颈部的特殊形态和尺寸、身体比例及尺寸以及肌肉组织。有些猛禽的髋骨（腿关节骨）可从一侧向另一侧交替运动，便于它们进入小且深的洞或间隙（其他鸟类难以进入）捕捉猎物。经过进化，企鹅翅膀变成了坚硬的鳍，从而非常利于企鹅追逐大洋水域中的鱼。有些蜂鸟的喙又长又弯，几乎是其身体的两倍长，以便伸入某些花卉极深的管状花冠中。此外，进化过程

中，鹦鹉拥有极富特点的喙，可以打开并摄取果实和种子。上下喙均弯曲，呈细钩状，有助于切割果实和种子的保护壳。啄木鸟也拥有明显的进化特征，由于它们需要凿树，以获取树液和昆虫，所以其尖尖的喙就锚定在颅骨中，以避免受震动影响。厚厚的颅腔可吸收可能影响头部的撞击力。此外，其颈部的肌肉结构也很强壮，避免震动身体，眼皮也可保护眼睛。

多功能鸟喙
鹦鹉的喙不仅用于摄入食物，根据鸟喙的形状和力量，它们可以打破果实和种子的外壳，并用它在攀爬中抓住树枝。

不同的鸟喙满足不同的需求

鸟喙特征和饮食生活习性密切相关。根据鸟类的不同生存模式，鸟喙用于采集、猎取、打开、啄破及运输食物，其形状随饮食生活习性而变化。具体来讲，鸟喙具有特殊性，如蜂鸟、白琵鹭或红交嘴雀。

鹭科
以浅水鱼为食，喙又长又尖，利于捕捉鱼类和两栖动物。

欧金翅雀
和以种子为食的鸟类一样，其喙呈锥形，且坚硬，可以剥离和啄破种子外壳。

火烈鸟
如同一个过滤器，用压力排出水，保留小型甲壳类动物。

乌鸦
喙又长又厚，食物选择性广，从果实到小型哺乳动物皆可。

蜂鸟
喙又长又细，有助于吮吸到最深处的花蜜。

红交嘴雀
以松子为食。其上颌交叉，如同钳子尖端一样。

交流

同所有动物一样，鸟类与同一物种及其他动物之间可以相互沟通。它们不但可以通过羽毛的颜色、姿势和动作来沟通，其鸣叫声也加强了相互之间的交流。鸣叫声包括报警声（偶尔不同，视威胁类型而定）、雏鸟乞食时发出的叫声，以及繁殖季节雄鸟为吸引雌鸟而唱出的复杂歌曲。

歌声的作用

通常，歌声与求偶和繁殖有着密切联系。一些鸟类中，只有雄鸟会唱歌，以吸引雌鸟。这种叫声也是鸟类征占领地行为的重要组成部分，许多被称为"鸣禽"的鸟，唱歌是为了建立和保卫雏鸟的领地。为此，雄鸟常常站在某个显眼的地方唱歌，以便听者更容易定位其所在位置（比如，傍晚时分，乌鸦站在柏树高处或电视天线上唱歌）。所以歌声被称为鸟类使用的最好的"广告"。鸟类通过发出叫声表明其存在，并使得竞争者远离，同时吸引潜在的配偶。

此外，歌声有助于团结一个集群，可以向单个个体传递信息，告知何处有食物，或者面对捕食者威胁时发出警告。有一些鸟是哑鸟，如几维鸟、鹳、某些鹈鹕和鸽子，它们没有鸣管，所以不鸣叫，但可以发出不同的声音。还有一些鸟极其健谈，如金丝雀、鹦鹉、凤头鹦鹉、金莺、画眉和麻雀，它们可以发出近 900 种不同腔调的声音，且一天最多可唱 2000 多首歌。

演奏曲目

鸟类是拥有最复杂发声系统的脊椎动物，它们的声音并非一成不变。大部分鸟类的歌声随季节变化而变化。一些鸟仅在繁殖季节唱歌，一些鸟早晨歌声洪亮，而一些鸟更喜欢在晚上唱歌。

它们的歌声类型极其丰富。有时只是一种单调的重复，有时却由大不相同的几段歌词组成。一些擅长歌唱的鸟，如一种被称为华丽琴鸟（*Menura novaehollandiae*）的澳大利亚雀形目鸟类，可模仿照相机拍照时发出的机械声或铃铛声，且惟妙惟肖。同时还可以通过简短的叫声或尖叫，向其他鸟类发出信号或通知。鸟类的歌声是悠长、相当复杂却易懂的，而其叫声却是天生的。

但是，鸟类的世界中，语言并非只有一种，而是丰富多样的。比如，不同类型或子目的雀鹀之间拥有多种自有语言，两地相隔几百千米，语言差异就很明显。甚至父鸟可通过聆听声音和歌声的微妙差异，在数千只鸟中找出其幼鸟。

其他交流方式

姿势

白鹳没有鸣管，是哑鸟。但是它们通过姿势及快速活动其又长又尖的喙发出的震颤响声来进行交流。求偶季节中，它们抵巢时也用这种方式来打招呼。

噪声

啄木鸟通过凿树时发出的击打声来进行交流。当穿行于森林中时，它们用这种方式来与其配偶交流。夜鹭则通过用肢体拍打土壤发出声音来进行交流。

鸣管

鸟没有声带，但有一个发声器官，即鸣管。它位于气管下方。歌声的质量及复杂程度与该器官的肌肉数量和软骨环有关。雀形目鸟（约为已知鸟种的一半）鸣管发育更佳，因此可以唱出更复杂多样且悠扬的歌声。

1

进气

呼吸时，鸟保持空气畅通，休息时并不改变鸣管。

气管

支气管

2

肌肉活动

受外部肌肉压力，两侧的膜封闭。支气管下降。

半月膜

肌肉活动

支气管环

3

声音

气流使膜产生振动，通过气管将声音传至鸟喙。

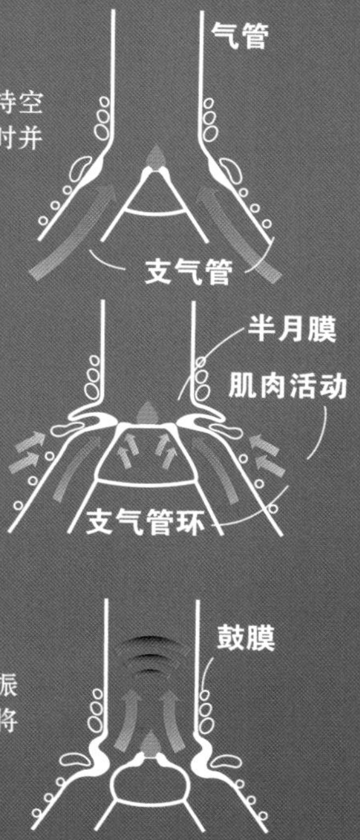

鼓膜

教学

鸣禽从其亲鸟处学习唱歌。雏鸟受哪一种类的亲鸟喂养，就会像哪种亲鸟一样唱歌。

扑动

有的鸟通过扑动翅膀进行交流。比如，许多鸭子成群地在黑暗或半黑暗区行走时，为了避免互撞，它们会扑动翅膀，发出尖锐有力的嗡嗡声，确保各成员之间拥有听觉接触。

羽毛

繁殖季节，鸟类更换羽毛。求偶时，耀眼醒目的羽毛色彩吸引着异性。比如，孔雀快满3岁时，就可展开所有羽毛，且每年都会换一次羽毛。

迁徙

全球各地的各个物种，为了寻找更好的气候环境及可用资源，都会进行周期性的长途迁徙。有的成群迁徙，有的独自迁徙。各物种为了进行迁徙，调整自身，并产生生理变化，如大幅降低体重。

东南冰洋路线

北冰

格陵兰岛

南非鲣鸟
Morus capensis

西部山区

北美洲

五大湖

游隼
Falco peregrinus

密西西比河

雪鸮
Plectrophenax nivalis

美洲太平洋路线

红喉北蜂鸟
Archilochus colubris

墨西哥湾

800 千米
持续飞行，不停歇，直至越过墨西哥湾。约花费20 小时。

迁徙路线

迁徙路线可横向（北—南）、纵向（东—西）分布或沿海拔高度分布（山区的鸟进行的季节性迁徙）。海鸥的迁徙路途较长，路线较稳定。鹤和雁迁徙过程中会到达海拔很高的地区，经受强风、低温以及空气中接近临界值的氧浓度的影响。

中美洲

东南冰洋路线

大西洋

非

亚马孙

南美洲

密西西比路线

白鹳
Ciconia ciconia

安第斯山脉

磁定位

鸟类如何确定方向这一问题仍有争议。人们认为，不同的鸟采用的定位技巧不同，分别依赖于太阳光线、星星图案、气味或磁性（一些鸟根据地球周围的磁场来判断方向）。

金斑鸻
Pluvialis dominica

阿根廷潘帕斯草原

北极燕鸥
Sterna paradisaea

4 万千米
此为迁徙过程中的极地往返距离，是全球最长的迁徙。

太平洋

南极路线

南冰洋

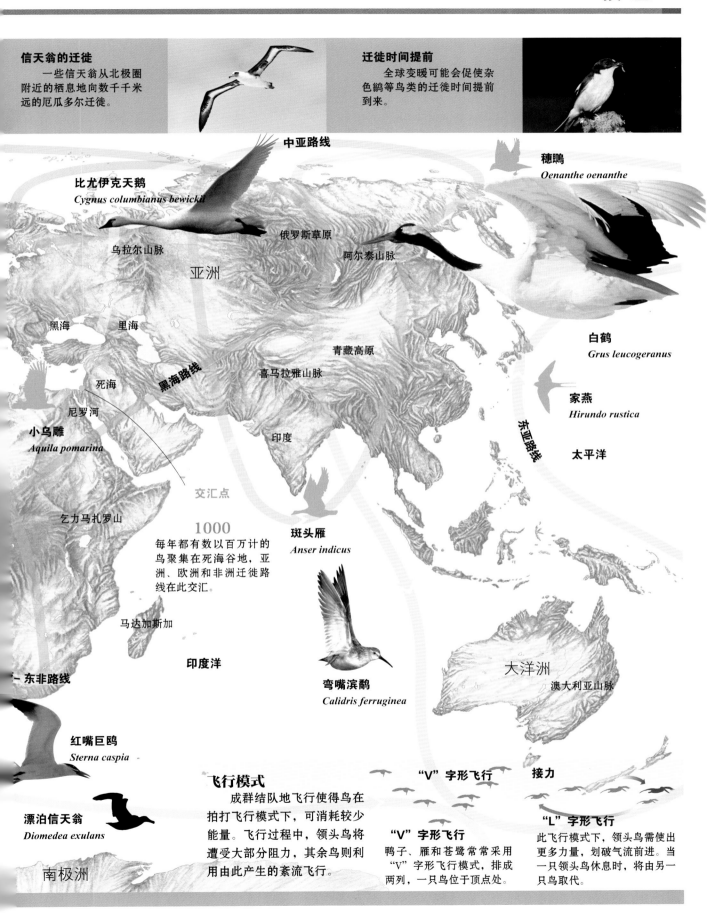

信天翁的迁徙
一些信天翁从北极圈附近的栖息地向数千千米远的厄瓜多尔迁徙。

迁徙时间提前
全球变暖可能会促使杂色鹟等鸟类的迁徙时间提前到来。

中亚路线

穗鹏
Oenanthe oenanthe

比尤伊克天鹅
Cygnus columbianus bewickii

乌拉尔山脉

俄罗斯草原

阿尔泰山脉

亚洲

白鹤
Grus leucogeranus

黑海　里海

青藏高原

黑海路线

死海

喜马拉雅山脉

家燕
Hirundo rustica

尼罗河

小乌雕
Aquila pomarina

印度

太平洋

东亚路线

交汇点

1000
每年都有数以百万计的鸟聚集在死海谷地，亚洲、欧洲和非洲迁徙路线在此交汇。

乞力马扎罗山

斑头雁
Anser indicus

马达加斯加

印度洋

大洋洲

澳大利亚山脉

弯嘴滨鹬
Calidris ferruginea

东非路线

红嘴巨鸥
Sterna caspia

漂泊信天翁
Diomedea exulans

南极洲

飞行模式
成群结队地飞行使得鸟在拍打飞行模式下，可消耗较少能量。飞行过程中，领头鸟将遭受大部分阻力，其余鸟则利用由此产生的紊流飞行。

"V"字形飞行

"V"字形飞行
鸭子、雁和苍鹭常常采用"V"字形飞行模式，排成两列，一只鸟位于顶点处。

接力

"L"字形飞行
此飞行模式下，领头鸟需使出更多力量，划破气流前进。当一只领头鸟休息时，将由另一只鸟取代。

生态作用

因为各种具体的特殊理由，地球上的所有个体，构成了这个至今尚未被完全了解的全球性机制的一部分。比如，许多鸟类作为生物调节器，调整着食物金字塔中许多物种的数量。其他一些鸟类则在许多植物种子传播过程中起着根本性作用，同时还有一些鸟像蜜蜂一样扮演着授粉者的角色。

病虫害防治
夜猛禽，如乌林鸮（*Strix nebulosa*），有利于控制老鼠的数量，否则老鼠将会无限扩张。

鸟在栖息环境中所起的作用

同所有生物一样，鸟类在其栖息环境中起着重要作用。我们已知的"生态位"是一个物种所处的环境或多个物种同居的区域。此处，所有的机体，无论是活的还是死的，都是其他生物的潜在食物源。这些处于同一生态系统中的不同组织相互关联，形成了食物链或营养链。它们几乎存在于世界的各个角落，引领着多种生存策略的进化，并扮演着各种各样的角色：授粉者（蜂鸟）、捕捉和消灭害虫者（隼、鹰、猫头鹰）、消除腐烂动物者（秃鹫）或分散及传播种子者等。鸟食用昆虫、小型哺乳动物、种子和植被；同时也是其他一些动物的猎物，如蟒蛇、狐狸、小型猫科动物等。并非所有鸟类的饮食结构都相同，所以生物学家们对其进行了"分类"，如食肉鸟、食谷物鸟、食蜜鸟、食果鸟、杂食鸟、食陆地昆虫鸟、食空中昆虫鸟、食树干昆虫鸟等。

控制其他动物的数量

猛禽，如猫头鹰、栗翅鹰和老鹰等，调节控制着老鼠和昆虫的数量。作为自然捕食者，提高了老鼠和昆虫的死亡率。虽然很难仅靠其自身去消灭一个物种（可能成为有害生物），但多种鸟类对食物链的平衡起着根本性作用。其中突出的有猫头鹰，猎食中，飞行不会发出声音，以至于猎物几乎察觉不到，这有助于其捕捉猎物。据估算，仓鸮（*Tyto alba*）平均每年消灭 400 只老鼠。因此，保护这些鸟类有利于维持生态平衡。

授粉者

同蜜蜂一样，蜂鸟等鸟类用其又长又细的鸟喙，将花粉传送到一朵又一朵花中。数千年以来，慢慢形成一种协同进化现象，鸟类光顾过的花朵，失去了香味，而它的授粉者嗅觉并不十分灵敏，花朵凭借红色、橙色或黄色等鲜艳的颜色来吸引授粉者，以便其更容易发现它们。因此，阔嘴蜂鸟（*Cynanthus latirostris*）等常常被色彩鲜明、富含蜜糖的杯状大花吸引。虽然 90% 多的花卉植物是通过昆虫授粉的，但鸟类也加入了授粉过程，约有 900 种鸟为 500 种（共 1.35 万种）维管植物授粉。

消除腐肉者

食腐鸟所起的重要作用之一是回收利用，如秃鹫，无须捕猎来获取食物，而是直接食用动物尸体或腐肉。毫无疑问，生物界中需要这类物种来完善营养链，消灭自然中存在的其他动物尸体，避免疾病传播。它们飞行时并不消耗太多能量，因此为了发现动物尸体，可以进行长途飞行。

抛开它们阴沉恐怖的一面不说，这些动物使得西班牙每年不必焚烧数千吨动物尸体（如牲畜尸体），相当于每年节省 9000 个炉灶的成本，并避免了向大气中释放 19.3 万吨二氧化碳。

施肥者

气候干旱或缺水地区，积聚的鸟粪因其富含氮和磷（两种植物代谢所需的基本化学元素），是很好的天然肥料，可用于农业耕种且不会对环境造成污染。

播种者

鸟和植物之间的作用是相互的，二者均受益。食果鸟是高效的种子运输者，尤其适于长途运输。实际上，它们是温带地区最重要的播种者。某些果实的种子可被运到距其生长地很远的地方，这就使这些植物可在遥远的地方再生，同时，还有利于植物在同类竞争者、捕食者更少的地方扎根发芽。

食果鸟通常食用果肉，然后通过排便将保留在胃液中的种子排出。比如，美丽枕果榕（*Ficus drupacea var.*），结出的果实含有数百粒小种子。鸟可以将其整个或部分吃掉，在这两种情况下，种子都经过鸟的消化系统，抵达具备恰当条件的地方，并在此发芽生长。一些植物还会结出色彩鲜艳的果实，吸引动物的注意，以便传播种子。

工程师和建筑师

同其他动物一样，鸟类通过多种多样的方式来调节环境：生产结构，改变所在地物质及生成新生态位。

一些鸟，如啄木鸟，在树上凿洞作为巢穴。当它们离开时，其他物种又可将其加以利用。

悬崖绝壁
地面上的巢穴削弱了整条沟壑。

树上的孔
啄木鸟在树上凿的孔，被其他物种利用。

水中
水面上浮着的巢穴为幼虫和两栖动物提供了住所。

濒危鸟类

自 16 世纪起，全球已有近 150 个鸟类物种灭绝了。如今，有多个物种在最近几十年里消亡，2000 多个物种处于濒危状态。大部分国家均有一种或多种鸟类濒临灭绝。其主要原因在于森林砍伐和农耕扩张，导致野生栖息环境遭到破坏和毁灭。

现状

如今，世界自然保护联盟采用"红色名录"这一有效工具，来对全球濒危物种进行分类。该组织评估了 9920 个物种，其中有 2096 个灭绝物种、1253 个濒危物种、843 个近危物种。此外，有 4 种为野外绝灭物种，它们是否可以继续存在取决于人类。也就是说，须针对全球接近 1/4 的鸟类，采取紧急保护行动。自 16 世纪起，根据记录，已有 132 个物种灭绝。由于评估灭绝物种存在困难，很可能上述数据无法反映真实情况，实际灭绝的鸟类可能超出记录值。实际上，那些被评为极危物种的已经灭绝了。基于这些理论，据估计，自 16 世纪以来，已有 151 个物种灭绝了。

环境友好型农业

近些年来，人口增加，导致农业生产增加，这也是构成威胁鸟类多样性的主要因素之一。满足生产需求，同时保护野生环境，这是新世纪的一大挑战。

不可持续的农业对 87%（1065 种）的濒危鸟类造成了影响。

近期灭绝

20 世纪后期，灭绝的物种数量增加，已有 19 个物种灭绝了。根据记录，小蓝金刚鹦鹉（*Cyanopsitta spixii*）于 2000 年末灭绝；夏威夷乌鸦（*Corvus hawaiiensis*）于 2002 年 6 月灭绝；毛岛蜜雀（*Melamprosops phaeosoma*）于 2004 年 11 月灭绝。几乎全球所有国家都有一个或多个濒危物种。最突出的要数巴西（拥有 122 种濒危鸟）和印度尼西亚（拥有 120 种濒危鸟）。具备较高风险的地区为热带安第斯山脉、巴西热带雨林、喜马拉雅山脉东部、马达加斯加东部以及亚洲东南部。森林砍伐和由商业延绳钓捕鱼导致的信天翁和鹱死亡，对东洋界地区造成了严重影响。近一半的濒危鸟栖居于小岛上。受影响的主要海域有塔斯曼海和新西兰附近海域。63% 的濒危鸟仅能栖息于一个国家。但是多种鸟分布于多个国家。比如，有 17 种鸟遍布于 30 多个国家。这使得一些国家肩负着特别的保护责任，但同时也需要全球各个国家的共同努力。

栖息环境及威胁

濒危物种大多栖息于森林里以及灌木丛、湿地、草原和海洋中。87% 的濒危鸟类栖息地减少，原因在于森林砍伐和农业面积扩大。此外，还有其他原因，如直接食用、贩卖鸟类或将其用于体育实践。其他最主要的威胁为城市化发展、入侵物种扩张（尤其是捕食者）、污染和采用延绳钓等捕鱼技术。在印度尼西亚和澳大利亚，火灾等自然机制的变化也导致许多鸟类数量减少。

保护活动

庆幸的是，近些年来，无论是业余还是专业的鸟类观察员（统称为"鸟类学家"），其人数已成倍增长。正是有了他们，我们才更加了解鸟类及其数量发展趋势。一些鸟类学家隶属于某些组织，另一些是自由爱好者。如今全球已开展了成百上千个鸟类及栖息环境保护项目。国际鸟类联盟是一个全球性组织，它涵盖并协调大部分国家的政府组织，旨在协同各方，开展保护鸟类和环境的活动。迁徙物种或海鸟的保护项目均受到高度重视，大量各方人员均参与其中。

延绳钓

将长长的带着钩子的线抛向大海中数百米的地方。靠近觅食的鸟则被鱼钩钩住或被鱼线缠住。这是目前这些鸟面临的主要危险之一。

威胁

世界自然保护联盟的最新报告中，针对9920个物种进行了评估，其中1253个物种濒临灭绝，占全球鸟类的12%。主要原因在于农耕面积扩张、城市化中心数量增加、大型基础设施建设、狩猎和采集活标本、物种不合理开采（用作消耗品、体育实践或被当作害鸟）、不受监管的旅游业、污染以及外来物种入侵等，导致栖息地发生变化或消失。

无危77%

数据不足1%

近危8%

易危54%

绝灭12%

极危15%

濒危30%

野外绝灭0.3%

西班牙雕
Aquila adalberti

它们的数量已减少为200个繁殖对和幼鸟。世界自然保护联盟将其评为易危物种。它们面临的主要威胁是中毒、触电和食物缺乏。

黑冠鹭鸨
Ardeotis nigriceps

2011年被评为极危物种，现仅存250只。

黑冕鹤
Balearica pavonina

由于栖息地减少，其被捕捉用于饲养或非法贩卖，被评为濒危物种。

紫蓝金刚鹦鹉
Anodorhynchus hyacinthinus

栖息地减少及非法捕捉贩卖，导致紫蓝金刚鹦鹉数量急剧下降，因此被评为濒危物种。

鸮鹦鹉
Strigops habroptilus

世界自然保护联盟将其评为极危物种，在新西兰遭受人类活动威胁。截至2009年仅剩124只。

走禽

　　一些鸟失去了飞行能力，经过进化，已完全适应陆地环境，有的甚至变成优秀的奔跑者。另外一些虽然可以在空中飞行，但更倾向于在地面上行走而且更灵活，比如鸵鸟、美洲鸵鸟、几维鸟、鹤鸵、凤头鹅、鹅鸟等。

什么是走禽

　　走禽的主要特征是翅膀退化、弱化或演变，有些鸟的体形明显增大。大部分走禽均为动作异常迅猛的陆地鸟，如鸵鸟、鹤鸵、鸸鹋、美洲鸵鸟和几维鸟等。

大走禽

鸵鸟是所有鸟类中最高且最重的。后肢只有两趾，这是有别于其他鸟类的显著特征。

解剖结构

　　为什么有些鸟类放弃了飞行？进化论的解释是，鸟类在没有迫使其必须选择飞行的压力影响时，无须保持适合飞行的身体构造，如大块带龙骨突的钙化胸骨以及发育良好的胸肌。秧鸡科中（一种中小型水鸟科，包括水鸭和黑水鸡等），有些鸟类已不会飞行，它们栖居于无捕食者侵扰的小岛，数千年以来无须依靠飞行来躲避威胁。

　　走禽前肢退化或已不具备相关飞行功能，比如保持重心、逃跑过程中允许突然改变方向或求爱时展示自己。相反，后肢骨头和肌肉健壮有力，比如非洲鸵鸟（*Struthio camelus*），腿部肌肉占总重的1/3（对比而言，人体双腿占全身重量的17%~20%）。另一区别体现在胸骨上，走禽胸骨位于胸部，连接肋骨，是平的，没有会飞行和浮游的鸟所拥有的龙骨突。此外，走禽的尾巴和飞行羽毛均已退化，仅仅作为装饰。同时走禽通常没有飞行时加强呼吸功能的叉骨（被称为"运气之骨"），叉骨坚实而富有弹性，由强化肋骨的两条锁骨融合而成。

冢雉科

　　典型特征为爪子大。生活在雨林下层，用爪子刨土，垒土堆，作为巢穴。澳洲丛冢雉（*Alectura lathami*）则属于此科。

走禽

属于平胸总目（指胸骨平的鸟，用以与其他龙骨突起的飞禽及游禽区分），它们的前肢（两翼）退化或者不具备飞行相关的功能。后肢（爪）肌肉强劲有力，骨头坚实有劲。

鸵鸟属于典型的鸵形目鸟。美洲鸵鸟属于美洲鸵鸟目，形态较小，拥有三趾。鹤鸵目鸟拥有头盖骨，穿行于植被之间时，起保护作用。无翼鸟目鸟每只脚上有四趾。

鸵形目　2.7米
鹤鸵目　1.4米
美洲鸵目　1.2米
无翼鸟目　0.4米

运动

平胸总目鸟的运动系统与两足哺乳动物类似，跳跃式走、跑或前进。一般而言，鸵鸟移动速度记录为：跑步速度约为50千米/小时，但距离短时，速度超过70千米/小时（比赛马或猎犬的平均速度还快），20分钟内，可保持该速度不变。相比而言，那些会飞行的鸟中，在地面移动速度最快的要数走鹃（Geococcyx），在墨西哥和美国的大沙漠中，其速度可达40千米/小时（相当于受过训练的专业人员跑步时平均速度的最大值）。鸵鸟及其他平胸总目鸟奔跑时通常是为了远离捕食者或追赶、捕捉蜥蜴和小型啮齿动物。当无法通过奔跑来保护自己时，它们采用另一种有效方式，即用爪子踹开攻击者，其力道强劲，足以杀死一头狮子。求偶季节，强壮有力的爪子也有助于其征服雌鸟。

食物

平胸总目鸟类的饮食模式与消化道器官的伸缩和分布有关。它们的脖子长且灵活，有助于获取各种食物。鸵鸟和美洲鸵鸟大多是草食动物，以种子、果实、草、树根、树叶和灌木为食。但也食用小昆虫，偶尔还食用两栖动物和爬行动物。为了促进消化，它们也摄入小碎石，以帮助砂囊磨碎食物。一只成年鸵鸟一天摄入的植被量超过一头奶牛，鸵鸟和奶牛摄入的食物量占体重比分别为7.5%和2.5%。野生环境中，鸸鹋（Dromaius novaehollandiae）摄入的食物中，叶子占90%（食用植物最富营养的部分），种子占9%，其余为果实、昆虫和小型脊椎动物。几维鸟（几维鸟属）是杂食性鸟，偏好用其长长的鸟喙在枯枝败叶中寻找甲虫、蜘蛛、蠕虫、昆虫幼虫、蜗牛和蚯蚓来食用。它们是唯一一种拥有夜行生活习性的平胸目鸟。

繁殖

大部分平胸总目鸟中，雄鸟负责在巢中孵卵及照顾雏鸟。鸵鸟则是一个例外，由雌雄鸟共同负责孵卵及照顾雏鸟，雄鸟负责夜间孵卵，而雌鸟则负责白天孵卵。平胸总目鸟大多群居（成群合住），每窝产卵数量不定，从1枚（几维鸟）到20枚或更多（鸵鸟和美洲鸵鸟）。卵的体积通常比较大，如此方可容纳雏鸟。

其他走禽

鹬鸟是美洲鸟，与欧洲石鸡相似。虽然它们的胸骨含龙骨突，翅膀具备飞行所需的灵活性（易疲倦，且几乎只在为了逃离紧急危险的情况时才飞行），但它们属于走禽。此外，还有260多种鸡形目鸟的胸骨含龙骨突，如鸡、火鸡和雉，它们的爪子适合行走、奔跑和刨土，仅在极端情况下急速飞行。其他活跃于地面的还有火鸡（比如白火鸡）、叫鹤科鸟及许多海鸟和走鹃的两个亚种。

强壮的爪
原鸡（Gallus gallus）的爪子强劲有力，几乎具备所有鸡科鸟（主要是陆地鸡）的特征。

鸵鸟及其近亲

门:	脊索动物门
纲:	鸟纲
目:	平胸目
科:	5
属:	6
种:	12

与其他鸟类不同的是，走禽无龙骨突，或骨头未附着发达的飞行肌。现分为美洲鸵目、鸵形目、鹤鸵目和无翼鸟目。除了几维鸟之外，大部分鸟体形较大，肢体长且壮，适合快速奔跑。一妻多夫制，一只雌鸟可与多只雄鸟交配，以繁殖后代，这种现象在鸟类中比较少见，但在走禽中较为常见。

Casuarius casuarius
双垂鹤鸵

体长: 1.3~1.7 米
体重: 80 千克
社会单位: 独居、群居
保护状况: 易危
分布范围: 新几内亚岛、印度尼西亚、澳大利亚和塞兰岛（此处很可能为引入品种）

交流
裸露部分皮肤的颜色随其心情状态变化而变化

双垂鹤鸵，一般大且健壮，颜色通常为黑色，头部和颈部为明亮的蓝色，拥有两个长度不一的肉冠，后颈部分呈红色。头部有一形似头盔的隆起部分，即骨盔。相比雄鸟，雌鸟的骨盔更大。幼鸟呈棕褐色，皮肤带纹路，其骨盔几乎才刚刚开始生长。

它们属于独居动物，不会飞行，常栖居于雨林内，虽然也时常活动于临近的森林和田地中。主要以地上的果实为食，也食用小型脊椎动物、无脊椎动物和菌类。

实行一妻多夫制（一只雌鸟与多只雄鸟交配）。在地面落叶上筑巢，雌鸟在此产下 3~5 枚绿色卵，颜色由浅至深。雄鸟负责孵卵及喂养雏鸟。狩猎及栖息地的破坏是其目前面临的两大主要威胁。

鹤鸵的腿强劲有力，爪子大。通过跳跃及用腿蹬来保护自己。

Casuarius unappendiculatus
单垂鹤鸵

体长: 1.2~1.5 米
体重: 80 千克
社会单位: 独居、群居
保护状况: 易危
分布范围: 印度尼西亚和巴布亚新几内亚

单垂鹤鸵与双垂鹤鸵相似，但体形更小，只拥有一个蓝色或红色的小肉冠。骨盔的主要功能是保护其穿行于植被丛中时，免受伤害；觅食过程中，也可用骨盔拨开地面的枯叶。

幼鸟呈浅棕褐色。主要以果实为食。栖居于低地，偏好那些河流冲击而成的平原。捕猎（用于食用和当作吉祥物）及栖息环境破坏是其面临的主要威胁。

Dromaius novaehollandiae
鸸鹋

体长：1.5~1.9 米
体重：30~55 千克
社会单位：独居、群居
保护状况：无危
分布范围：澳大利亚

　　鸸鹋的颜色从暗褐色到灰色皆有，颈长，肢体长且强壮，有三趾，适于奔跑。面部、头上部及后颈呈黑色。雄鸟面颊和颈部呈天蓝色，雌鸟呈黑色。栖居于海拔不同的森林和草原等地区，属于群居和杂食性鸟。在地面凹陷处筑巢，最多可产 15 枚卵。因其为杂食性鸟，所以无危；但是随着殖民者来到澳大利亚，已有两种原生鸸鹋灭绝（共 3 种）。

Apteryx australis
褐几维鸟

体长：50~60 厘米
体重：1.4~3.8 千克
社会单位：独居、群居
保护状况：易危
分布范围：新西兰

　　褐几维鸟的身体呈圆形，颜色从灰褐色到红褐色皆有，喙长且弯，呈乳白色或粉红色。

　　栖居于各种环境中，如沿海沙丘、草原及草木丛等。

拥有夜行的生活习性，主要以无脊椎动物为食，虽然也食用果实、种子和叶子。凭借其敏锐的嗅觉探知食物，并用长喙来捕捉。夜晚来临时，雄鸟发出的声音尖厉且抑扬顿挫，而雌鸟发出的声音则短促粗重。

　　引进的犬类和鼬科动物猎食褐几维鸟的卵和雏鸟，因此大大减少了其数量。

喙
褐几维鸟喙处有鼻孔，嗅觉极其灵敏，易于捕食。

腿
同其他本纲平胸总目鸟一样，褐几维鸟的腿虽然较短，但很健壮

Rhea americana
大美洲鸵

体长：1.27~1.4 米
体重：20~25 千克
社会单位：独居、群居
保护状况：易危
分布范围：阿根廷、巴西、玻利维亚、巴拉圭和乌拉圭

大美洲鸵整体呈灰褐色，颈部的冠和胸部呈黑色。栖居于潘帕斯草原、查考和色拉多生态保护区。属于杂食性鸟，主要食物包括种子、果实及昆虫，有时也食用爬行动物和小型哺乳动物。临近水域繁殖，一夫多妻制，一只雄鸟与多只雌鸟交配，所有这些雌鸟均在同一个巢穴处产卵。

颈
颈长、视线好，有助于其观察到远处的捕食者。

腿长且强壮，奔跑速度可达45 千米/小时

Pterocnemia pennata
小美洲鸵

体长：0.9~1 米
体重：15~25 千克
社会单位：独居、群居
保护状况：易危
分布范围：阿根廷、智利和玻利维亚

　　小美洲鸵与大美洲鸵相似，但体形较小，整体呈灰色，颈部和胸部基本全无黑色，背部带斑点的羽毛呈白色。幼鸟与成鸟相似，但无斑点。栖居于巴塔哥尼亚草原以及临海区域和安第斯及普纳海拔高达 4500 米的高原，因此通常又被称为达尔文美洲鸵。一些调查员认为，其特殊性非常明显。

　　多只雌鸟可在一个巢穴中产卵，雄鸟负责孵卵，为期近 40 天。雏鸟出生时，快速离巢，也就是说，这种雏鸟为早成鸟。幼鸟 3 岁时性成熟。

Struthio camelus

非洲鸵鸟

体长：1.75~2.75 米
体重：90~156 千克
社会单位：群居
保护状况：无危
分布范围：非洲中部和南部

大眼睛
眼睛是陆地动物中最大的：直径5厘米。

它们是一种典型的鸵鸟。属于半游牧鸟，常常进行长途奔跑，寻觅草及其他植被类食物。通常雌雄鸵鸟混合，成群活动。

生活习性

雄鸟竞争领地和社会等级地位，通过攻击性的展示，或必要时，通过争斗来获得配偶。获胜者占领领地，并赢得多只雌鸟。

繁殖

发情期时，雄鸟通过自我展示来吸引雌鸟，期间雄鸟皮肤及色彩较以往更加明亮鲜艳。多只雌鸟（多达30只）共用一个巢穴。孵化期长达40天，雄鸟负责孵卵并喂养雏鸟。

和水的关系
鸵鸟喜水，并经常洗澡。但是却可长时间内不喝水。

带翼的平胸目鸟

它们是现存的最大且最壮的鸟。肢长且壮，是所有平胸目鸟中奔跑最快的，最高速度可达70千米/小时。其耐力超过了大部分哺乳动物，它能保持奔跑速度为50千米/小时超过30分钟。这一特点弥补了其不会飞行的不足。

高度
雄鸟一般高度为2.1~2.75米。一些雄鸟将近3米。雌鸟高达1.9米。

2.75 米
1.80 米

3~5 米
鸵鸟成鸟奔跑时，每迈一步的距离为3~5米。

奔跑
鸵鸟奔跑速度很快的原因是其具备的弹跳能力，每一步，相比人类而言，肌腱节省了两倍能耗，因此相同速度下节省一半耗能。与其他动物相比，鸵鸟奔跑速度超过了多种哺乳动物。

长颈鹿　　　　袋鼠　　　鸵鸟　　　叉角羚

32 千米/小时　　60 千米/小时　70 千米/小时　88 千米/小时

独特的羽毛

与其他飞禽独有的特征不同，鸵鸟羽毛无小钩，无法生成羽片，因此鸵鸟羽毛较蓬松。

羽轴

羽根

羽枝和羽片

小头
相比体形大小而言，头部较小，眼睛占据了头部大部分面积。

颈
颈长、裸露且极其灵活。不同鸵鸟颈部颜色各异（肢体也如此）。

18
鸵鸟颈部有18根颈椎。

胸部
鸵鸟等平胸总目鸟的典型特征之一即为胸骨扁平。相比飞禽和游禽突起的龙骨而言，扁平的胸骨较小且灵活性低。

扁平的胸骨

不会飞行的翅膀
相比体形大小而言，翅膀较小且已退化，失去了飞行能力。

肌腱 **趾** **趾骨**

鸵鸟肢体与其他鸟类不同，却与许多行走性哺乳动物相似。具备史前特征，只有两趾。内部更宽，趾甲大，用以攻击。

肢体
鸵鸟肢体很长，并且因其拥有强健的肌肉结构和粗壮的骨头，肢体也非常强壮。

趾垫
足垫
趾甲

防御机制
面对捕食者或其他危险时，鸵鸟除了逃跑之外，还采取策略进行攻击，以保护自身。

藏匿姿势
身体和颈部紧贴于地面上，敌人几乎无法察觉到它。从远处看，就好像一个土丘。

捕食者警示
鸵鸟身材高且视力佳，可发现远处的捕食者，如猎豹、狮子、非洲野犬。

强有力的一脚
用其大爪子，向狮子或其他强大的捕食者发出猛烈的一击。

鸵鸟及其近亲

| 门：脊索动物门 |
| 纲：鸟纲 |
| 目：䳍形目 |
| 科：䳍科 |
| 种：47 |

䳍鸟被称为美洲"鸵"，包含9属47种，主要分布在南美洲和北美洲。属于陆禽、走禽，可进行短距离的飞行，飞行时发出噪声。羽毛颜色从深灰色到棕色皆有，带斑纹。叫声尖厉，其程度随物种不同而不同。一夫多妻制，雄鸟负责孵卵。雏鸟为早成鸟。

Tinamus solitarius

孤䳍

体长：42~53 厘米
体重：1.2~1.8 千克
社会单位：独居
保护状况：近危
分布范围：南美洲东部

栖居于海拔高达 1200 米的密西昂奈斯雨林及大西洋雨林环境潮湿的森林中。偏爱保护完好的开放性林下层。奔跑速度快，一般很难见到它们，通常是极为安全的环境才能见到。夜幕降临时，会发出典型叫声，即三声长长的、清亮且悠扬的哨声。头部和背颈部呈褐色，颈部带细赭色斑纹。背部呈橄榄灰色，带微黑色条纹。身体后部分颜色从橄榄色到铁锈色皆有。在树上及灌木丛中睡觉。据估计，每只䳍鸟在森林中所占领地面积达 30 公顷。有两个亚种，其中北方孤䳍处于极糟的保护状态。

赭色线条
从眼睛处至颈部。

微黑色条纹
与脊背部发亮的褐色相互交错。

保护

1971 年，已记录的北方孤䳍有100只。至今无更新且无更翔实的相关信息。由于农耕面积扩大及城市化加剧，森林面积减少，影响了这些物种的生存。现于阿根廷及巴西保护区可发现该类物种。

Tinamus tao

灰䳍

体长：42.5~49 厘米
体重：1.3~2.08 千克
社会单位：独居或成对居住
保护状况：无危
分布范围：南美洲

灰䳍是最大的䳍之一。身体大部分呈灰色，但头部和背部带微黑色条纹，腹部呈桂皮色，头部和颈部还带有白色斑纹。共有 5 个亚种，其大小、颜色和背部条纹各异。栖居于安第斯东部地势较低的潮湿森林、次级密林及巴西色拉多长廊雨林中。在干燥的地面，视力可达 1900 米。属于杂食性鸟。在哥伦比亚，灰䳍繁殖季节为 1~3 月；在委内瑞拉，繁殖季节为 6 月。通常在树木凹陷处筑巢。可在同一巢穴产下 2~9 枚绿蓝色或绿松石色的卵。雄鸟负责孵卵及照料雏鸟，直至它们具备离巢能力。

身体颜色
头部、颈部和背部呈灰色，含同色斑纹；这样的身体颜色使其可以在环境中伪装自己。

Tinamus major

大鹬

体长：44 厘米
体重：1.1 千克
社会单位：独居
保护状况：无危
分布范围：中美洲和南美洲北部

大鹬背部颜色从橄榄色到褐色皆有。腹部和喉部呈微白色，侧翼带黑色条纹，尾巴后部呈桂皮色。冠和颈部呈棕色，冠顶微黑。栖居于热带和亚热带湿润雨林、沼泽林和海拔高度达 1500 米的大山中。黄昏时，唱出强烈颤动的音符。雌鸟平均每次可产 4 枚卵，个儿大，色彩艳丽，从蓝到紫皆有。雄鸟负责喂养雏鸟，喂养期为 3 周。随后，雄鸟将寻觅其他雌鸟繁殖后代。雌鸟可与 4~5 只雄鸟交配。属于杂食性鸟，食物包括种子、果实、昆虫、蜘蛛、小蜥蜴和两栖动物。

隐蔽的色彩
与其亲缘鸟一样的褐化色彩，使得其可在枯叶中伪装自己，不易被发现。

Crypturellus tataupa

塔陶穴鹬

体长：22~25 厘米
体重：350~480 克
社会单位：独居
保护状况：无危
分布范围：南美洲

塔陶穴鹬是常见的森林鹬之一。脊背部呈深紫色，喉部呈白色，头部、颈部和胸部呈浅灰色，腹部呈赭色。腿和腹部的上方拥有特别的呈鳞状的羽毛。爪子和喙部颜色偏红。分布广泛，但常见于干燥的森林环境中。食物包括掉落的果实、嫩芽和嫩根及无脊椎动物。每个巢穴中，与雄鸟交配的雌鸟可多达 4 只，它们在此产卵。亲鸟喂养雏鸟的时间为 2~3 周。

Nothocercus bonapartei

高原林鹬

体长：38 厘米
体重：850 克
社会单位：独居
保护状况：无危
分布范围：南美洲西北部

高原林鹬独居且谨慎，活动于森林中。羽毛呈咖啡色，头顶呈黑色，喉部呈肉桂色。常见于海拔高的湿润森林或山脉中，因此而得名。高原林鹬不擅长飞行，仅在被人类攻击或受到捕食者威胁时，才进行短距离飞行。高原林鹬是杂食性鸟，食物包括从树上掉落的果实以及地面上活动的小型脊椎、无脊椎动物。通常选择在树基附近钻洞，并用树叶遮蔽，以作为巢穴。每个巢穴中，一只或多只雌鸟可产 2~5 枚绿蓝色的卵。繁殖季节为 3~8 月。

Rhynchotus rufescens

红翅鹬

体长：38~41 厘米
体重：830 克
社会单位：独居
保护状况：无危
分布范围：南美洲

红翅鹬的初级羽毛呈绚丽的金黄色，在飞行中极其醒目。头部、颈部和胸部呈肉桂色，背部和侧翼带微黑色条纹，有黑色头冠和眼后线，非常醒目。喙长且弯。红翅鹬歌声起初为强烈的"单音"，随后变为悠扬的 2 个或 3 个"音节"。栖居于草原中，是季节性杂食性鸟。

Crypturellus cinereus

灰穴鹬

体长：30 厘米
体重：500 克
社会单位：独居
保护状况：无危
分布范围：南美洲东北部

乍一看，灰穴鹬像胖乎乎的鸽子。它们栖居于南美洲东北部地势低的森林中。常见于小溪或水流附近、茂密的植被及沼泽林中。在其栖息环境中不易被发现，但却可通过其在傍晚和早晨发出的强烈而与众不同的叫声进行辨别。与其他鹬一样，它们很少飞行，仅可进行短距离的直线飞行。面对捕食者威胁时，其可迅速对攻击做出反应，敏捷地奔跑于林下植被中。主要是草食性鸟，其饮食根据季节和环境而变化：夏季食用果实、种子和无脊椎动物；冬季食用种子和浆果。相比成鸟，幼鸟的食物更多的是昆虫。

Nothoprocta ornata
丽色斑鹑

体长：30~35 厘米
体重：450~750 克
社会单位：独居、成对
保护状况：无危
分布范围：南美洲西部

丽色斑鹑羽毛呈灰棕色或带赭色条纹，背部呈黑色斑纹状，侧翼羽毛颜色稍浅。头部和颈部带黑点。胸部带灰色条纹。爪子呈灰色或浅黄色。栖居于海拔 3450~4700 米的草原和灌木丛中。有 3 个亚种，其中一种主要栖居于秘鲁，另一种主要栖居于阿根廷。主要以果实为食，还包括某些无脊椎动物、花、嫩叶、种子和根。

繁殖方式与其他鹑鸟相似，4 只雌鸟可在同一巢穴中孵卵。雏鸟喂养期仅为 3 周。巢穴小，位于高且茂密的草丛凹地处。和其近亲一样，仅在必要情况下进行短距离飞行，但可进行长距离滑翔。飞行时，总伴随着典型的单音节叫声。

视力
视力佳，可捕捉蠕虫及昆虫

羽毛
斑点和条纹有利于隐蔽。

颈部
行走和奔跑时保持平衡

栖居于安第斯山
这是栖居于南美洲安第斯高地和普诺地区的典型物种。由于其珍贵的肉，在这些地区它们也是一种食物源。

Nothura maculosa
斑拟鹑

体长：24~25.5 厘米
体重：260 克
社会单位：独居、成对
保护状况：无危
分布范围：南美洲东南部

斑拟鹑是最常见、数量最多且最小的鹑之一。整体呈棕色，头部、胸部和颈部呈赭色。喉部呈白色，腹部呈肉桂色，侧翼带条纹。以种子和无脊椎动物为食。雌鸟出生两个月后发育成熟，一年繁殖多次。卵呈棕色，每个巢穴有 4~6 枚卵。该物种受益于人类活动，农牧业发展为其开辟了条件优良的生存区域（禾本科生长，树木消失）。但是受捕猎威胁，某些地区的斑拟鹑数量正在减少。

歌声及逃跑
歌声如管弦乐一般，结尾时节奏加快。当遭受危险时，可进行短距离的低空飞行。

栖息地
栖居于草原和灌木丛中，是猎人的典型猎物

Nothura chacoensis
查科拟鹑

体长：24~25 厘米
体重：250 克
社会单位：独居
保护状况：无危
分布范围：南美洲中北部

查科拟鹑是南美查科森林地区的典型物种，可见于海拔 500 米的地区。此外，也栖居于草原和乡村环境中。每个巢穴中，多达 4 只不同的雌鸟产卵，共产 4~8 枚卵。一般在树基附近的土壤中筑巢。从形态上看，易与斑拟鹑混淆，但位于不同的生态位分布中。上述两个物种，两翼初级羽片上均带白色槽隙。根据这些相似点来看，认为其源于同一祖先。此外，一些调查员认为查科拟鹑是斑拟鹑的一个亚种。据推测，这两个物种是同域形态过程的结果，其祖先共用同一环境，但在不同的栖息地觅食。

Eudromia elegans
凤头鹬

体长：39~41 厘米
体重：1.2 千克
社会单位：群居
保护状况：无危
分布范围：南美洲南部

　　凤头鹬是最典型的鹬之一，常见且易识别。但是容易将其与丽凤头鹬（*Eudromia formosa*）混淆，它们的分布范围存在小范围的重叠。凤头鹬又被称为凤头，体形大且细长，鸟冠与众不同。羽毛带棕色斑纹，样式特别；背部、头部、胸部和侧翼微白。从喙至眼睛处，白色线条顺势而下，直至胸部。腹部颜色较浅，略带赭色。偶尔进行短距离飞行，通常奔跑以逃避危险。喜群居，是一种社交鸟，常见于路边或路口。

　　它们栖息在草原、灌木林甚至于农牧区中。常见于阿根廷的巴塔哥尼亚草原上。杂食性鸟，食物包括种子、叶芽、嫩果及昆虫。每年最冷的季节，大约有 300 只凤头鹬结成群，一起觅食。但是求偶时期，结成群的凤头鹬数量减少，雄鸟之间相互竞争，持续跳舞 4 小时，以获得雌鸟的青睐。在灌木丛下及不太深的凹处筑巢。每窝产卵数可达 12 枚，卵呈艳丽的绿色。

冠毛

红色虹膜

白色线条

背部棕色，带斑纹。

当感知到有其他生物入侵时，通常保持不动。相比逃跑，其颜色隐秘的羽毛可起到更好的保护作用。

卵及巢
绿色的卵，色彩艳丽。为了避免被捕食者发现，它们在灌木底下筑巢，并用羽毛和草覆盖。

Tinamotis pentlandii
北山鹬

体长：41~43 厘米
体重：260~325 克
社会单位：群居
保护状况：无危
分布范围：南美洲（普纳）

　　北山鹬是最健壮的鹬之一，又被称为安第斯鹬或普纳石鸡，是南美生态区的地方性物种。栖居于热带和亚热带地区地势高的草原及平均海拔在 4000~4700 米之间的灌木林中。喜群居，通常许多北山鹬聚集起来唱歌，如同合唱团一般。歌声重复，且带鼻音。北山鹬羽毛与一般的鹬极其不同，脊背部带黑色和橄榄色条纹，头部和颈部带黑白交替的线条，身体下部分和尾部呈浅棕色，带黄色线条，胸部和腹部上部分呈浅灰色，带黄色条纹。与其他南美鹬一样，羽毛与环境颜色相近，在地面上不易被发现。卵呈椭圆形，绿色，带黄斑，每窝可产 5~8 枚卵。分布广泛，数量稳定。根据世界自然保护联盟评定，此物种处于无危状态。

Taoniscus nanus
侏鹬

体长：13~16 厘米
体重：43 克
社会单位：成对、群居
保护状况：易危
分布范围：南美洲（巴西和巴拉圭，阿根廷可能也有分布）

　　侏鹬是最小的鹬，体形丰满，腿、翅膀和尾巴短。整体呈棕灰色。喉部颜色较浅，背部带细条纹，胸部和腹部带深色不规则条纹，冠部中部带暗色块。存在轻微的性别二态性，雌鸟差异较明显，颜色多为深色，腹部颜色较浅。叫声尖厉，带鼻音，与蚱蜢的"扑哧"声相似。如今侏鹬仅栖居于巴西部分地区，食物包括种子、草、白蚁和其他昆虫及节肢动物。一般群居数量不超过 4 只。

游禽

　　企鹅是典型的游禽。它们完全适应海上生活，其翅膀如同鳍一般，好似可在水下飞行。如此，便于移动、捕鱼和躲避大量捕食者。其他科的成员，如鸬鹚和潜鸟，能潜水和浮游。

什么是游禽

　　游禽约有 400 种，占鸟类总数的 4%，有潜入水中觅食的习惯。它们具备游泳的特性，企鹅和海雀将翅膀当作鳍。潜鸟、鸬鹚、䴙䴘等其他鸟类则通过划动腿来前进。它们可在水下待几秒钟或几分钟，帝企鹅的潜水时间纪录长达 18 分钟，期间未浮出水面。

解剖结构

　　游禽的典型特征：羽毛密实且防水，爪子上各趾通过膜相互连接。企鹅是最具代表性的游禽，将翅膀当作鳍，与飞鸟不同的是，它们在水中滑动而非空中。相反，爪子则起着方向盘的作用。潜鸟、鸬鹚、白鹈鹕和䴙䴘等具备不同的适水特征，它们的蹼足具有鳍的功能，即鸟的推进工具。

　　所有游禽或多或少都具备流体动力学特征，相比飞禽"轻快"的结构而言，游禽的骨头更硬实。

　　可推测的是，推进方式与胸骨的大小有关。飞禽的肌肉附着面积更大。比如海雀，依靠翅膀潜水和飞行，其胸骨非常

潜水设备

为了适应潜水和浮潜，有些鸟类长出了蹼足，可以起到桨的作用，坚实的翅片可以推动其在水中高速前进。

大，胸肌重量可占身体总重的 7%~9%。䴙䴘依靠脚爪在水中移动或行走，其胸骨则相对较小。胸肌重量最多占身体总重的 4%，如凤头䴙䴘（*Podiceps cristatus*）。

移动

　　当一种鸟已完全适应在某种特定环境（如水）中移动时，若通过其他方式移动，则会消耗更多能量，有时甚至是低效能或无用功。企鹅是游泳健将和优秀的潜水员。虽然其正常的移动速度在 5~10 千米/小时之间，但最大速度可达 45 千米/小时。帝企鹅（*Aptenodytes forsteri*）可潜水至 265 米深，这是一个惊人的数据，至今仅有 7 名潜水员潜水深度超过它（比登上月球的人数还少）。有些企鹅甚至可潜水至 500 米深，虽然仍未被最终证实。但它们完全失去了飞行的能力，常常直立行走，在坡度允许的情况下，就像雪橇一样，在雪和冰块上滑行。

　　其他一些鸟靠翅膀在水中前进，如海雀。有的也可以到达大洋深处（厚嘴海鸦可潜至 200 米深）。但是，与企鹅不同的是，海雀保留了飞行的能力，虽然脚很短，须快速拍打翅膀才能在空中翱翔。

　　潜鸟和䴙䴘，叫声与鸭子相似，可

潜水至 75 米深，有时会拖着身子，笨拙地跳到地面上。需要在水面"奔跑"多时，才能起飞（实际上它们无法从地面上起飞）。其他鸟即使在水面上"奔跑"，也无法飞行。秘鲁鹏鷉（*Podiceps taczanowskii*），仅分布在秘鲁的胡宁河内；短翅鹏鷉（*Rollandia microptera*），分布在玻利维亚，不会飞，且因栖息地减少和大量的捕鱼活动，面临着灭绝的危险。

鹏鷉的羽毛并不完全防水，湿了之后，重量上升，但更易于潜水觅食（鱼），可潜至 10 米深处。因此，鹏鷉经常将羽毛散开，让阳光晒干，就好像它们可以飞而不是潜水一样。

繁殖

游禽中，一些鸟求偶形式较特别。鹏鷉与其伴侣在水上跳同步舞。其中一种求偶方式为跳"脚尖"舞，雌雄鸟一同在水面上疾走，就好似在冰上滑行一般。它们边走边看向对方和前方，它们重复着这种同步舞，直至雌鸟同意交配。

许多鸟形成小集体，一同筑巢。在阿根廷旁塔汤布岛上，每年有 17.5 万至 20 万只麦哲伦企鹅（*Spheniscus magellanicus*）聚集于此，产卵和孵卵。此外，冠小海雀（*Aethia cristatella*）是一种较特别的海雀，在北极附近的白令海和鄂霍次克海域岛屿上，100 多万只鸟聚集于此筑巢。鹏鷉，如南

鳍：变异的翅膀

前肢结构是进化的结果，有益于减小体积和两翼的骨件数量。与哺乳动物一样，骨头短，关节活动性差。因此，鳍短且密实，对水中移动起着根本性作用，促其前进或保持平衡。

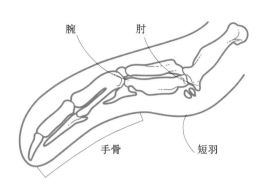

腕　肘　手骨　短羽

美鹏鷉（*Phalacrocorax bougainvillii*），400 万至 500 万只形成一个集群，每平方米最多有 3 个巢。

食物

虽然一些游禽既会飞也会潜水，但其主要或唯一的食物来源于水中。最终，生态位的开发促进了它们的进化，使其更适应水生环境。

海洋游禽以磷虾、鱼和鱿鱼为食，但其饮食结构受每个物种自身特征、地理位置或季节影响而变化。比如，海雀，有些种类在海洋中更灵活，如普通海鸦（*Uria aalge*）可以追赶移动速度很快的鱼；有些种类更适应飞行或行走，如北极海鹦（*Fratercula arctica*），以磷虾为食。

此外，环境和潜入水中的时间也会影响猎物的相对丰富性。比如，厚嘴海鸦（*Uria lomvia*）傍晚时分及凌晨 4 点时，潜水深度小于 20 米，以磷虾为食物；而日出之后（当磷虾潜到更深的区域时），潜入深度大于 40 米深的区域，捕鱼为食。游禽根据一年四季和栖居的海洋和湖泊环境的不同，主要以鱼为食，同时也吃蟾蜍、蜗牛、蝾螈和水蛭。这些鸟拥有一个相同习惯，即摄入湖底的卵石，以帮助消化。潜鸟的食物也与其自身体积大小有关，较小的潜鸟以小型水生无脊椎动物为食，如昆虫、幼虫、螃蟹和虾；较大的潜鸟，如棕硬尾鸭（*Oxyura jamaicensis*），喙长且尖，喜食鱼。

在水中

水下活动由一系列不同阶段组成。企鹅大部分水下活动时间用于觅食和呼吸。脚和翅膀并用，从水面潜入水中深处，捕鱼并呼吸。此外，休息时，收紧身体，抬起头，浮在水面上。

觅食
企鹅的双翼具备鳍的功能。脚上四趾通过蹼连接。肢体向后，尾巴则如方向盘一般，掌握着潜水的方向。

呼吸空气
潜入水中觅食时，需要浮出水面呼吸换气。就如海豚一般。

放松时刻
当它们在水中休息时，移动速度放缓。抬起头，用翅膀和脚平衡身体，浮在水面上。一般在觅食后或未发现捕食者的情况下，它们才会采取这种姿势休息。

企鹅

| 门：脊索动物门 |
| 纲：鸟纲 |
| 目：企鹅目 |
| 科：企鹅科 |
| 种：17 |

企鹅的羽毛不适合飞行，基于后肢形状特征，通常保持站立姿势。前肢长且平，适于浮游。皮肤下有一层厚厚的脂肪，连同羽毛一起，维持身体温度，并助其在水面上漂浮。与其他鸟类不同的是，它们的骨头坚硬，利于其潜入深水。

Pygoscelis antarctica
南极企鹅

体长：68~75 厘米
体重：4~7 千克
社会单位：群居
保护状况：无危
分布范围：阿根廷南部、福兰克群岛、南极洲

南极企鹅的喙和背部均呈黑色，面部和腹部呈白色，下巴下方有一条细黑线。眼睛呈红色，在黑色轮廓中较突出。脚壮，呈浅粉色。以磷虾及其他深水域甲壳类动物和鱼类为食。春季，在南极洲筑巢、产卵，一窝平均可产 2 枚卵，并在受保护的凹地孵卵，孵化期约为 40 天。雌雄企鹅均负责孵卵和照顾雏企鹅，并保护它们免受海狮等捕食者攻击。雏企鹅与其亲代相似，但羽毛呈灰色，喙略短一些。出生 1 个月后，雏企鹅离开巢穴，并成群结队活动。60 天后，开始换羽，长出成年企鹅的羽毛。冬季来临时，幼企鹅和成年企鹅离开南极领地，向北迁徙，一直栖居在海中，直至春季到来。

游禽
南极企鹅潜入水中觅食时，可潜至70米深处。

Pygoscelis adeliae
阿德利企鹅

体长：60~78 厘米
体重：3~7 千克
社会单位：群居
保护状况：无危
分布范围：奥克尼和南设得兰群岛、南极洲

阿德利企鹅的头部、脸、脊背和后肢外侧呈黑色，身体其余部分呈白色。眼圈为白色，因此又名"白眼企鹅"。它的喙呈黑色，略带红色调。足部皮肤裸露，无羽毛覆盖，呈浅粉色。游速可达 15 千米／小时，下潜时间长。喜群居，性格安静，无攻击性，社交能力极强。通常成群结队地游泳或活动。

春季时回到岸上进行繁殖。每年都和之前的配偶在老地方筑巢。

行走
可进行远距离奔跑，速度可达2.5 千米／小时。在腹部的支撑下移动，并通过爪子推进移动获取力量。

Pygoscelis papua
巴布亚企鹅

体长：70~80 厘米
体重：5~8 千克
社会单位：群居
保护状况：近危
分布范围：阿根廷、智利、福兰克群岛、南乔治亚、麦夸里岛、赫德岛、南设得兰群岛、南极群岛

巴布亚企鹅的头部及背部呈黑色，眼睛上方带三角形白斑，通常是由头部一侧到另一侧，形成束发带状。

喙上表面呈黑色，下表面和侧面为橙色。爪上无羽毛，略呈浅色。雌企鹅比雄企鹅小。每年年末在离海岸 2 千米远的平地上筑巢。由于喂养幼企鹅期间会堆积大量废物和粪便，巴布亚企鹅次年会选择附近其他更为干净且更易逃向大海的地块筑巢。数百对巴布亚企鹅结成群，建立领地。当巴布亚企鹅数目过多时，会分成小集群，因此相比其他种类企鹅而言，这种企鹅更少。

游泳健将
游速可达27 千米/小时。

亲代照料
巴布亚企鹅用树枝、石头、羽毛及其他任何有用的材料筑巢。每只雌企鹅产2枚卵，卵重130 克，由雌雄企鹅共同孵化。白天，它们会奔走20 千米远觅食。

Eudyptes pachyrhynchus
峡湾企鹅

体长：40~55 厘米
体重：2~4 千克
社会单位：群居
保护状况：易危
分布范围：新西兰

峡湾企鹅是体形最小的企鹅之一。头、颈和背呈黑色，腹部为白色。有一黄冠，从喙的一侧到另一侧，位于眼睛上方和头后。成年企鹅脸上还有白色线条。与其近亲相比，其群居性较弱，一对一对单独筑巢，或分散在不同地块。雌企鹅产 2 枚不同大小的卵，较大的卵先孵化。由于缺乏食物，大多数情况下只有 1 只雏企鹅能生存。

Eudyptes robustus
史纳尔岛企鹅

体长：53~60 厘米
体重：2.5~5 千克
社会单位：群居
保护状况：易危
分布范围：新西兰、澳大利亚

史纳尔岛企鹅栖居于浓密的森林和植被区以及苔藓覆盖的岩石海岸，并在此筑巢。拥有此种企鹅特有的冠，喙较大且厚。背部为深色，反射蓝光。雄企鹅求偶，雌企鹅可产 2 枚卵，但仅能孵化出 1 只雏企鹅。

Eudyptes chrysocome
南跳岩企鹅

体长：52~55 厘米
体重：2.5~3 千克
社会单位：群居
保护状况：易危
分布范围：智利、阿根廷、福兰克群岛和新西兰

南跳岩企鹅的体形小，栖居于周围有灌木植被的岩石海岸峡谷中。定居于淡水源附近，以便洗澡。眼睛上方有一条黄色羽毛带延伸出来，与头后相连。以极大规模族群聚集，是最具攻击性的企鹅之一，通过啄击保护巢穴和幼企鹅。

Eudyptes schlegeli
皇家企鹅

体长：65~75 厘米
体重：4~7 千克
社会单位：群居
保护状况：易危
分布范围：澳大利亚和新西兰

皇家企鹅的典型特征为羽毛长且蓬乱，呈黄色。每年 9 月，在麦夸里岛繁殖，此时，雄企鹅从大海中回到岸上筑巢。雌企鹅两周后回到岸上。以大规模族群聚集，约百万对。雌企鹅可产 2 枚卵，但只有 1 枚被孵化。必须防止外来鼠的攻击。

Megadyptes antipodes
黄眼企鹅

体长：66~70 厘米
体重：5~8 千克
社会单位：群居
保护状况：濒危
分布范围：新西兰

黄眼企鹅与其他企鹅的主要区别在于其眼睛周围和头后的羽毛呈黄色。身体其他部分的羽毛黑白相间。体积大，社交性弱，在植被茂密的森林深处筑巢，以避免被发现。用树枝筑巢，幼企鹅出生 106 天后离巢。具有攻击性，保卫领地。单独或成群觅食。

Eudyptula minor
小蓝企鹅

体长：30~40 厘米
体重：1~1.2 千克
社会单位：群居
保护状况：无危
分布范围：澳大利亚、新西兰

小蓝企鹅是体形最小的企鹅。羽毛呈发光的靛蓝色和白色，脚掌呈粉色。一年筑 2 次巢，通常每次产 2 枚卵。在地面挖洞或利用现有洞穴为巢。一天觅食时间长达 12~18 小时，非繁殖季节可到距海岸 700 千米远的地方觅食。回来之后，在岸上等待其他企鹅，以便成群结队地下水。

Spheniscus demersus
黑脚企鹅

体长：60~70 厘米
体重：3~4 千克
社会单位：群居
保护状况：易危
分布范围：安哥拉、莫桑比克、纳米比亚和南非

这是唯一一种在非洲进行繁殖的企鹅，且仅栖居于非洲大陆。眼睛上方有粉斑，一条白带从眼睛处延伸至脑后，胸部有黑带，沿侧翼变宽，并延伸至两翼内侧。每年筑巢 2 次，栖居于低矮树木、岩石和凹地处，以避免阳光照射。

Spheniscus magellanicus
麦哲伦企鹅

体长：65~70 厘米
体重：3~5 千克
社会单位：群居
保护状况：近危
分布范围：智利、阿根廷及福兰克群岛

麦哲伦企鹅的头部、脊背和上肢羽毛呈黑色。眼睛周围和颈部羽毛呈白色带状，往下呈黑色带状。后者是它们与汉波德企鹅的区别之处。胸部和腹部呈白色，中间有一条黑色的"U"形带。栖居于悬崖、海岸及森林中，以洞穴为巢。雌雄企鹅常常因为巢穴而展开争斗，以获取更好的庇护所。争斗过程很短，以一方逃跑而结束。与配偶交配时，也会发生短暂轻微的争斗，两喙相交，如剑士一样。同时会发出嘶叫般的声音。一般而言，以大规模族群聚居，但也有的集群企鹅数不超过 5 对。

海洋伪装

在水中，因麦哲伦企鹅背部呈深色，易与海底混淆，而呈浅色的腹部则隐匿于表面的亮光中。

Spheniscus mendiculus

加拉帕戈斯企鹅

体长：35~40 厘米
体重：3.3~5 千克
社会单位：群居
保护状况：濒危
分布范围：加拉帕戈斯群岛

加拉帕戈斯企鹅是南美洲最小的企鹅。头和背部羽毛呈黑色，眼睛和颈部之间有一条白线。因栖居于赤道地区，所以无特定的繁殖季节，一般在资源最丰富的时刻进行繁殖，因此，每年筑巢 3 次。为了免受阳光刺激、降低身体温度，它们下潜入水中；为了降温，向前倾斜身体，以遮住脚掌和肢体。

Aptenodytes patagonicus

王企鹅

体长：0.85~1 米
体重：9~17 千克
社会单位：群居
保护状况：无危
分布范围：南极洲、阿根廷和智利

王企鹅是仅次于帝企鹅体形最大且最重的企鹅。典型特征为：头部、颈部和胸部处有黄橙色标记，在太阳光线的照射下，形状各异。同时这些标记也是王企鹅性成熟的标志。与其他种类的企鹅相比，王企鹅的上述标记更为明显，且由灰色半环分开。胸部带黑色羽毛带，延伸至侧翼和两翼内侧边缘。喙长且细，喙端弯曲，呈黑色，两侧带橙色线条。雌雄形态特征相同，雌性企鹅体形稍小。与同类相比，一夫一妻制趋势较弱；若配偶未到达栖居地，则会寻求新的配偶。这通常是由于需要积累体内脂肪——若提前出发，则速度较慢，且易成为捕食者的目标；或出发晚了，未能与其配偶同时抵达。雌企鹅通过羽毛颜色艳丽度来选择配偶，色彩鲜艳代表身体好。雄企鹅通过发出声音和移动来吸引雌企鹅。繁殖期约为 1 年，平均每 3 年孵化出 2 只企鹅。羽毛具有御寒功能，体内积累的脂肪可帮助其在没有食物的情况下生存 3 个月。

大规模集群
形成大规模集群，照料幼企鹅。

颜色
脊背和两翼外侧羽毛呈灰黑色，胸部和腹部呈白色

浮游和潜水
潜入开放水域或距海岸150~1000 千米的冰缝中捕捉鱼类、鱿鱼和甲壳类动物，潜水深度达450 米

Aptenodytes forsteri

帝企鹅

体长：1.03~1.15 米
体重：22~37 千克
社会单位：群居
保护状况：无危
分布范围：南极洲

帝企鹅的羽毛极其漂亮，可在 -40℃的环境中生存。头部周围有一条黄带，延伸至胸部。喙长且细，喙尖弯曲。帝企鹅是体形最大且最重的企鹅。每年筑巢 1 次，雄企鹅将卵放在腹部下方和两腿之间裸露的皮肤褶皱形成的孵化囊中孵化。雌企鹅负责为幼企鹅提供热量和食物。回洋时间晚。雄企鹅用胃部产生的分泌物喂食幼企鹅。

Spheniscus humboldti

洪堡企鹅

体长：65~70 厘米
体重：3.3~5 千克
社会单位：群居
保护状况：易危
分布范围：秘鲁到智利之间的太平洋沿海岸

洪堡企鹅中等体形，与麦哲伦企鹅和黑脚企鹅极为相似。腹部和胸部羽毛呈白色，背部呈黑色。腹部周围有黑色羽毛带，延伸至胸部。此外，还有零星的黑斑。眼睛周围和喙端有裸露皮肤。喙厚实，呈深色，带两条白色带。在沙或岩石缝中筑巢，产 2 枚卵。雌雄企鹅共同孵化，孵化期为 40 天，幼企鹅出生 120 天后，羽毛变得足够厚实可防水时，离开巢穴。若条件良好，同一繁殖季会筑巢 2 次。以鱿鱼、磷虾和鱼类为食。该企鹅觅食时，一般可潜至 150 米水深处。

潜鸟

门：	脊索动物门
纲：	鸟纲
目：	潜鸟目
科：	潜鸟科
属：	潜鸟属
种：	5

潜鸟是指比鸭子稍大一些的水禽，栖居于北半球，并沿纬度进行迁徙。蹼足位于身体后部，因此潜鸟成为游泳健将，同时也可在地面上笨拙地行走。它们的吃水线较低。喙长且粗，喙端尖，夏季羽毛五颜六色，冬季一般为灰色。

Gavia stellata
红喉潜鸟

体长：55~70 厘米
体重：1~2.5 千克
翼展：1.06~1.16 米
社会单位：可变
保护状况：无危
分布范围：北半球

红喉潜鸟是体形最小的潜鸟。夏季栖居于苔原地区，通常成群结队地在陆地干净水域筑巢。迁徙过程中，有 200~1200 只潜鸟结成集群飞向南方。夏季偏向于栖居于拥有浮游植物的湖泊及湿地中。冬季向海岸飞去，栖居在靠近陆地的水域及河口中。饮食包括鱼类、甲壳类动物、软体动物、青蛙、昆虫、蠕虫以及植物。凭借眼睛探测猎物，并可潜至 9 米水深处捕捉食物。与其他潜鸟不同的是，从不在巢穴所在的湖泊或池塘内觅食。

如果巢好，潜鸟通常会年复一年地多个季节都使用这个巢。巢总是位于浅水区，离湖或池塘岸不超过 10 米的地方，或者位于水中的岩石海岬上。

夏季，红喉潜鸟背部羽毛为浅灰色到黑色皆有，带白斑和白线条；头部呈铅灰色，颈部带一块明显的斑，斑呈赭色或红棕色，由浅至深。冬季，背部羽毛呈铅灰色，带白斑。面颊、颈部和胸呈白色。喙长，呈锥形，喙端尖利。幼潜鸟腹部羽毛呈棕色，背部呈灰色。

筑巢
巢，位于浅水区，在植被组成的丘上挖出一个洞组成。

Gavia immer
普通潜鸟

体长：80~90 厘米
体重：2.8~4.5 千克
翼展：1.52 米
社会单位：可变
保护状况：无危
分布范围：北半球

普通潜鸟的喙长且粗，夏季呈黑色，冬季呈浅灰色。夏季，羽毛呈黑色，带斑纹和细条纹，头、颈呈黑色，胸、腹部呈白色，虹膜为红色；冬季，整体呈浅灰色。一般独居、成对或以小集群栖居于海岸环境，常活动于含有露出地面的岩层和岩石海岸的浅水区。繁殖季节，需要在针叶林或苔原地区附近的湖泊饮用结晶水。5~6 月，在湖中岩石小岛上筑巢。通常产 2 枚卵，由雌雄普通潜鸟共同孵化。主要以鱼为食，同时也吃甲壳类动物、软体动物、水生昆虫、两栖动物和植物。

Gavia arctica
黑喉潜鸟

体长：63~75 厘米
体重：1.3~3.4 千克
翼展：1~1.3 米
社会单位：可变
保护状况：无危
分布范围：北半球（欧洲和亚洲。阿拉斯加少有）

每年多达 50 只黑喉潜鸟结成群向南迁徙。若海岸附近有大型捕鱼活动，大量潜鸟则将聚集于此。4 月起，繁殖季节开始，一对一对的潜鸟在其分布地区北部单独筑巢。巢通常位于岛的边缘，由植被组成，有时也在岸边附近的草堆中筑巢。雌雄潜鸟均负责孵卵（1~3 枚）。

孵化期为 30 天。与其他类潜鸟一样，主要以鱼类为食，也吃小动物。虽然没面临灭绝威胁，但其数量也在减少。此前，人们认为太平洋黑喉潜鸟是一种北极潜鸟，而如今却将其视作一个独立的物种（太平洋潜鸟）。

捕鱼专家
用喙在水下捉鱼。

灰、白和黑
头灰，颈黑，腹白，身体其余部分黑白相间。

繁殖面临的威胁
人类活动造成的水污染、水位涨落和栖息地变化对黑喉潜鸟的繁殖造成了影响。

Gavia adamsii
白嘴潜鸟

体长：79~91 厘米
体重：4~6.4 千克
翼展：1.37~1.52 米
社会单位：可变
保护状况：近危
分布范围：北半球

白嘴潜鸟的繁殖羽与普通潜鸟极其相似。区别在于白嘴潜鸟体形略小，喙呈黄色。

6~9 月为繁殖季节，期间，它们一对一对地单独活动。8 月至次年 5 月，成群结队或独自向南迁徙。

它们通常在内陆的苔原地区筑巢，但与其他潜鸟不同的是，白嘴潜鸟有时也在低海岸及北极海口地区筑巢。巢所在湖泊水位和深度应相对稳定。偏好于在开放区域活动，可到相对较远的地方觅食。饮食与其他潜鸟类似，主要以鱼类为食。

方格状羽毛
羽毛仅在夏季呈现此模样（如图所示），冬季通体呈浅灰色。

筑巢
通常在离水 1 米处的干燥地方，用植被筑巢。

䴙䴘

门：脊索动物门
纲：鸟纲
目：䴙䴘目
科：䴙䴘科
属：6
种：22

　　䴙䴘体圆、颈短，是典型的水生鸟，栖居于世界各地。下潜以觅食、逃离危险，如此得名。与潜鸟相似，体形较小，喙短而细。有蹼足，位于身体后部，易于游泳和在地面笨拙地行走，几乎一直待在水中。翼宽，较少飞行，无尾。

Tachybaptus ruficollis
小䴙䴘

体长：23~29 厘米
体重：120~235 克
翼展：40~45 厘米
社会单位：可变
保护状况：无危
分布范围：欧洲、亚洲和非洲

　　小䴙䴘分布广泛。体形小，喙短而圆，羽毛呈灰色和深棕色。繁殖季节，羽毛鲜艳，面颊和颈部上方呈褐色，脸两侧、眼和喙之间有白斑。冬季，羽毛密实，色彩较一致。脸和颈呈稻草色。叫声尖厉。
　　栖居于略深（不超过 1 米）且小但富含水生无脊椎动物的湿地。非繁殖季节，活动于更深的水域。以幼虫、昆虫、软体动物、甲壳类动物和两栖动物为食。有时也吃小鱼。可独居，也可结成小群合居。地区不同，资源可用性不同，繁殖季节也不同。通常在地势低的湿地边缘附近，用水生植被筑巢。

孵化
每窝有 2~10 枚卵。雌雄䴙䴘共同孵化，孵化期为 20 天。

Tachybaptus dominicus
侏䴙䴘

体长：21~26 厘米
体重：112~130 克
翼展：40~45 厘米
社会单位：可变
保护状况：无危
分布范围：墨西哥至阿根廷

冬季特征
相比繁殖季节，在冬季，羽毛颜色更统一且更浅。

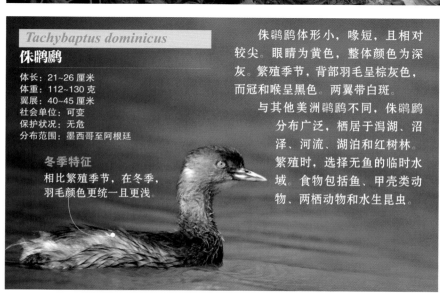

　　侏䴙䴘体形小，喙短，且相对较尖。眼睛为黄色，整体颜色为深灰。繁殖季节，背部羽毛呈棕灰色，而冠和喉呈黑色。两翼带白斑。
　　与其他美洲䴙䴘不同，侏䴙䴘分布广泛，栖居于潟湖、沼泽、河流、湖泊和红树林。繁殖时，选择无鱼的临时水域。食物包括鱼、甲壳类动物、两栖动物和水生昆虫。

Tachybaptus pelzelnii
马岛小䴙䴘

体长：25 厘米
体重：150~180 克
社会单位：可变
保护状况：易危
分布范围：马达加斯加

　　马岛小䴙䴘喜定居，但也会寻找更恰当的栖息环境。通常栖居于略深、植被茂密（尤其是睡莲）的淡水潟湖和湖泊。以昆虫、某些小鱼和甲壳类动物为食。8 月至次年 3 月是繁殖季节。巢由植被组成。每窝产 3~4 枚卵。

Podiceps grisegena
赤颈䴙䴘

体长：43 厘米
体重：800 克
翼展：80 厘米
社会单位：可变
保护状况：无危
分布范围：北半球

　　夏季，其颈部羽毛呈褐红色，因此而得名。以鱼类、甲壳类动物和某些昆虫为食。冬季，向南方的海岸和湖泊迁徙。繁殖季节，偏好在富含植被的小块水域活动；非繁殖季节，偏好在富含鱼类的浅水海岸或更宽广的区域活动。

Rollandia rolland
白簇䴙䴘

体长：24~36 厘米
社会单位：可变
保护状况：无危
分布范围：南美洲

　　白簇䴙䴘的显著特征是头部两侧有白色三角状簇毛，带深色线条。背部呈黑色，腹部和侧翼呈棕色。虹膜为红色。非繁殖季节，羽毛呈棕色。浮巢锚定在植被上，每窝有 4~6 枚卵。

Podiceps nigricollis
黑颈䴙䴘

体长：28~34 厘米
体重：265~450 克
社会单位：群居
保护状况：无危
分布范围：北半球和非洲的部分地区

　　黑颈䴙䴘的鬃毛为橙色，与头部、颈部和胸部的黑色繁殖羽形成鲜明对比。虹膜呈鲜红色，眼圈呈黄色。冬季向南迁徙。食物包括水生昆虫、软体动物、两栖动物和鱼类。

Podiceps cristatus
凤头䴙䴘

体长：46~51 厘米
体重：0.596~1.49 千克
翼展：59~73 厘米
社会单位：可变
保护状况：无危
分布范围：欧洲、亚洲、非洲部分地区和大洋洲

　　全球分布广泛。颈部细长，头部引人注目，脸白，鬃毛为黄橙色，冠呈黑色，喙极长且细。幼䴙䴘头部独特，同样引人注目。与其他䴙䴘不同的是，凤头䴙䴘可在咸水域中繁殖。

Aechmophorus occidentalis
北美䴙䴘

体长：56~74 厘米
体重：0.55~1.225 千克
社会单位：群居
保护状况：无危
分布范围：北美洲

　　北美䴙䴘的喙呈黄绿色，眼圈呈黑色，侧翼和背部呈黑色，通过这些特征将其与克氏䴙䴘进行区别。北美䴙䴘的虹膜为红色，两翼上有白色带，飞行时尤其醒目。幼䴙䴘羽毛呈灰色，它们喜群居，巢通常位于淡水湖泊。雄性会进行特别的求偶活动，以吸引雌性。食物包括鱼类、软体动物、蟹和蝾螈。

Aechmophorus clarkii
克氏䴙䴘

体长：56~74 厘米
体重：0.55~1.225 克
社会单位：群居
保护状况：无危
分布范围：北美

　　克氏䴙䴘体形纤细，与小天鹅相似，喙尖利，呈黄橙色。头部直至冠处，呈黑色，眼睛为红色，眼圈呈白色。侧翼和背部羽毛颜色较北美䴙䴘浅，两翼有斑纹带。喜群居，繁殖季节会展开求偶活动。幼䴙䴘的羽毛颜色发白。

信天翁和鹱

海鸟和远洋鸟大部分时间都飞行于世界各大洋上空。它们种类丰富，且特征各异，其中翼展最长的要数漂泊信天翁。它们可以战胜暴雨和强风，但却面临日益增多的人类活动对其造成的威胁。

一般特征

本目大多数鸟体形大且重，其他一些体形却非常小。但是大部分鸟两翼长且窄，擅长滑翔。鹱形目几乎都是远洋鸟，仅在陆地上筑巢，但鹈燕除外。它们眼睛上方拥有海水淡化腺体，以清除饮食中摄入的过量盐分。面对捕食者，它们会吐出一种气味强烈、令人恶心的胃油。

门：	脊索动物门
纲：	鸟纲
目：	鹱形目
科：	4
属：	23
种：	142

信天翁科
包括4种信天翁。上图是栖居于南大洋地区的灰头信天翁（*Thalassarche chrysostoma*）。

什么是鹱形目

鹱形目是远洋鸟，即大部分时间在海上度过，一般而言，只在陆地上筑巢。翼长且窄，使其可借助强劲的风，在大洋上空滑翔，尽可能地降低能耗。有的体形大，如漂泊信天翁（*Diomedea exulans*），为最大的飞行鸟之一，翼展长达3.5米，重量为12千克；也有的体形小，如海燕科，长度不超过20厘米，重量甚至可低于50克。

有的鼻孔顶端分布着一根单管，有的两侧分布着两根双管。由于它们生活在海上，饮用盐水，因此拥有专门的海水淡化腺体，以清除多余的盐分。

足带蹼，趾间由膜连接，有助于其在水面移动或下潜入水中觅食。大多数鹱形目鸟类饮食包括鱼类、甲壳类动物和头足类动物。其中也有例外，比如巨鹱（巨鹱属），以腐肉为食。

繁殖

大部分鹱形目鸟类在大洋中心的偏远岛屿处筑巢，有一些也在大陆上筑巢。一般来说，巢穴位于陡坡或悬崖的裂缝或孔洞中。只产1枚卵，卵的体积大，通常呈白色；雌雄亲鸟均负责孵化，直至雏鸟出生。许多鸟全年都可进行繁殖，而其他一些鸟类，如体形较大的信天翁，则每两年繁殖一次。

保护

近些年来，大量物种数量都已减少。原因之一是陆地捕食者入侵岛屿巢穴；另一原因则是工业捕鱼，尤其是延绳钓等方法，对它们造成的影响。全球已着手开展各种各样的项目来保护这些海洋生态系统的重要分子。

信天翁

门：	脊索动物门
纲：	鸟纲
目：	鹱形目
科：	信天翁科
种：	**21**

信天翁体形大，翼长且窄，是高效的飞行者。它们借助大洋风力，尽可能地减少消耗，以进行长途飞行。傍晚或晚上觅食，食物包括鱼、甲壳类动物和鱿鱼。在大陆偏远小岛上筑巢和繁殖。雌雄信天翁共同孵卵，有些信天翁实行配偶终身制。

Thalassarche melanophrys
黑眉信天翁

体长：83~93 厘米
体重：3~5 千克
翼展：2.4 米
社会单位：群居
保护状况：濒危
分布范围：南大洋

身体呈白色。有独特的黑"眉"，因此被称为黑眉信天翁。两翼上部和肩胛区呈黑色，腹部呈白色，带黑边。喙为黄色，喙端呈红色或粉色。两侧尾部呈黑色。幼信天翁与成年信天翁相似，但其喙和颈后部呈灰色。属于海鸟和远洋鸟，也栖居于海岸。跟随渔船活动，以丢弃物为食。食物包括甲壳类动物、鱼类、鱿鱼和腐肉。每年繁殖一次，在极地地区的海洋岛屿筑巢，每对信天翁用泥土和草筑巢，并在此产卵，孵化期为 70 天。

尾羽
尾羽部分，因拥有全黑的羽片而显得特别。

显著特征
因眼睛上方的黑斑而得名。

Thalassarche chrysostoma
灰头信天翁

体长：81 厘米
体重：3~3.7 千克
翼展：1.8~2.2 米
社会单位：群居
保护状况：易危
分布范围：极地、南大洋

灰头信天翁的头、颈呈灰色，两翼、背部及尾巴呈黑色。两翼中间的腹部呈白色，带黑边。喙呈黑色，上下边缘呈黄色。幼灰头信天翁喙和腹翼发黑。每两年繁殖一次，每对信天翁在岩坡处用泥土和草筑巢，产 1 枚卵，孵化期为 70 天。

Phoebetria palpebrata
灰背信天翁

体长：78~79 厘米
体重：2.8~3 千克
翼展：1.8~2.2 米
社会单位：群居
保护状况：近危
分布范围：极地、南大洋

灰背信天翁属于远洋鸟，擅长滑翔，常靠近船舶活动。头部羽毛颜色较深，眼睛后方有一块明显的白色半圆。喙呈黑色，带蓝色线条。可在水面觅食，也可下潜至较浅的地方觅食。每年繁殖两次，在偏远、有低草的大洋岛屿上用泥土和草筑巢。卵和雏鸟易受外来哺乳动物威胁。

身体和羽毛
与其他信天翁相比，灰背信天翁更为独特，羽毛呈棕灰色。

Diomedea exulans

漂泊信天翁

体长：1.1~1.35 米
体重：8~12 千克
翼展：2.5~3.5 米
社会单位：群居
保护状况：易危
分布范围：南极附近

雌性信天翁
与雄性信天翁相比，雌性喙和两翼略短，两者羽毛相似。

配偶稳定，在南极圈北部岛屿上进行繁殖。在地面上筑巢，它们的巢是由草和青苔组成的粗糙土堆。只产 1 枚卵，亲鸟轮流孵化。每一年半繁殖一次。

食物

主要以鱿鱼和章鱼为食。通常晚上在水面上觅食。此外，也食用鱼类。可下潜（短时间）至水中捉鱼。

保护

延绳钓是造成其数量减少的主要原因，它们被钩子钩住时，会受伤，存在溺死的危险。幼鸟和卵则面临引进的外来物种的威胁，如猫、犬和大鼠。

求偶仪式
晃动头、张开双翼、啼叫等构成了求偶仪式，以吸引雌鸟。

海洋飞行鸟

双翼展开，长度超过 3 米。漂泊信天翁翼展最长，因此擅长滑翔。借助风中的气流，可进行长距离滑翔，而无须消耗过多能量。喙呈钩状，体内有盐分淡化腺体，这些特征使其适应海洋生活。

翼展

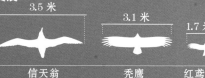

3.5 米	3.1 米	1.7 米
信天翁	秃鹰	红鸢

黑白相间的尾巴
尾巴羽毛通常为白色，尾尖呈黑色。

蹼足
后肢呈肉色或天蓝色，具有蹼，这是海洋鸟的典型特征。可在水中移动，但在地面上行走却很笨拙。其中三趾由膜连接。有的有第四趾，有的没有，如海燕。

挥动大双翅移动

展翼和滑翔
在地面上行动不灵敏，须使出很大的力气才可起飞。但是一旦飞入空中，则尽可能地降低能耗。它们的移动具备两种基本技巧：动力滑翔和坡面滑翔。前者有助于其进行长途跋涉，后者则有助于其在坡面上借助气流向上向下移动。

起飞前的奔跑
翼大且重，因此在起飞前，须先奔跑。此外，还须借助风力。

飞行模式
翼长，使得其可采用螺旋式飞行，借助气流，进行长距离滑翔。

这是远洋鸟的独特特征，用于清除血液中多余的盐分。盐腺由小通道组成，位于眼睛上方。盐液通过鼻孔呈水滴状流出。

腺道

血液循环

盐液循环

中央排泄道

两翼及羽毛
两翼呈白色，初级羽毛呈黑色。信天翁的年龄越大，白色比例越大。

6000 千米
信天翁12 天的飞行距离。

钩状喙
喙呈钩状，边缘尖利，可以衔住滑腻的食物。有管状鼻孔，可排除多余的盐分。

着陆
因其体形较大，活动不灵敏，着陆时较笨拙。向地面下降时会消耗大量能量，而且比较危险。

9 年
成年信天翁羽毛生长的最长周期。

急剧下降
双腿向前伸，通常下降时，尽量避免撞击到胸部。

长且尖
信天翁两翼细长且尖，使其可在海洋暴风雨中滑翔。翅骨长且壮。

鹱

| 门：脊索动物门 |
| 纲：鸟纲 |
| 目：鹱形目 |
| 科：鹱科 |
| 种：108 |

　　鹱与信天翁和海燕同属一目，拥有相同的饮食习惯和繁殖习惯。鼻孔由骨管组成，位于喙上方，鼻孔相互独立。常常飞离陆地海岸和大洋岛屿，飞行高度可达 1000 米，当捉鱼和鱿鱼时，会骤然向下俯冲。

Thalassoica antarctica
南极鹱

体长：40~46 厘米
体重：510~765 克
翼展：1 米
社会单位：群居
保护状况：无危
分布范围：南极洲

　　南极鹱属于远洋鸟，栖居于南极附近海洋。头、背和初级羽毛呈暗栗色，其余部分呈白色。尾羽端为褐色。在水面或下潜入水中觅食。在内陆海岸或地面悬崖上筑巢。孵化期为 40~48 天。迁徙方向不固定，有的向北迁徙，有的却待在冰区附近。通常与鲸鱼和渔船一起活动。

Macronectes giganteus
巨鹱

体长：86~99 厘米
体重：3~8 千克
翼展：1.8~2.1 米
社会单位：群居
保护状况：无危
分布范围：南极洲海域

　　羽毛颜色多变，幼鸟羽毛呈黑色，成年巨鹱羽毛呈白色，年龄不同，中间色范围不同。虹膜呈褐色，喙呈粉黄色，喙端为绿色。在海岸平地中繁殖和觅食，饮食包括腐肉。一旦感知到危险，会吐出一种胃油。

Fulmarus glacialoides
银灰暴风鹱

体长：46~50 厘米
体重：800 克
翼展：1.14~1.2 米
社会单位：群居
保护状况：无危
分布范围：非洲和南美洲南部及太平洋南部岛屿、南极洲地区

　　银灰暴风鹱的背呈银灰色，两翼边缘呈黑色。腹部为白色。喙部粉色和灰色相间，喙端呈黑色。属于极地远洋鸟。主要以甲壳类动物和头足类动物为食，也吃渔船上丢弃的废物。

　　在悬崖和岩石区域的凹地或裂缝中筑巢。每只雌鸟产 1 枚白色的卵，孵化期为 46 天。幼鸟离巢后向北飞，以寻找水更温暖的浅滩区。

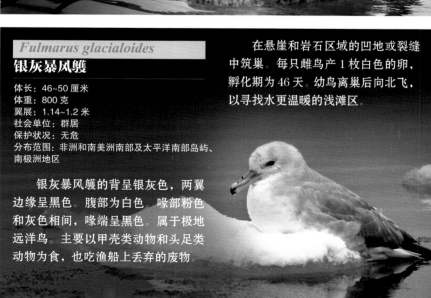

Daption capense
海角鹱

体长：38~40 厘米
体重：340~480 克
翼展：81~91 厘米
社会单位：群居
保护状况：无危
分布范围：极地、南大洋和太平洋海岸

　　海角鹱的背部独特，黑白相间。尾巴呈白色，带黑斑；腹部呈白色。滑翔和拍动飞行交替。海角鹱数量众多，且分布广泛。以磷虾、鱼、头足类动物和腐肉为食。在水面和下潜入水中觅食，在悬崖裂缝中筑巢，亲鸟照顾雏鸟。

Procellaria cinerea
灰风鹱

体长：48~50 厘米
体重：0.9~1.2 千克
翼展：1.1~1.3 米
社会单位：群居
保护状况：近危
分布范围：极地、南大洋

　　灰风鹱的整体为灰色，但腹部为白色，喙和足呈黄色，栖居于亚南极冷水水域。除了以鱼类和甲壳类动物为食之外，还吃渔船上丢弃的废物。以洞穴为巢，并在此孵卵，孵化期为 50~60 天。出生 4 个月后雏鸟学会飞行。

Pachyptila desolata
鸽锯鹱

体长：25~27 厘米
体重：150~160 克
翼展：58~66 厘米
社会单位：群居
保护状况：无危
分布范围：极地、南大洋

　　鸽锯鹱也被称为"鲸鹱"，其翅膀上的黑条纹和背上的蓝灰色条纹在翅膀展开后则可形成"M"形条带。喙黑，宽且粗。可滑翔和拍动飞行。若猎物很小，可将喙伸入水中，过滤获取食物。在岩石裂缝或洞穴中筑巢，并在此孵卵，孵化期为 45 天。

Hydrobates pelagicus
暴风海燕

体长：14~18 厘米
体重：23~29 克
翼展：36~39 厘米
社会单位：群居
保护状况：无危
分布范围：欧洲和非洲大西洋东部、地中海

　　暴风海燕是体形最小的海燕，几乎通体呈黑色，臀部呈白色。足为黑色，但与黄蹼洋海燕不同的是，其足长不超过尾巴。栖居于离岸区域，仅于繁殖期在岛屿上筑巢。主要捕食者是外来的老鼠。

Oceanites oceanicus
黄蹼洋海燕

体长：15~19 厘米
体重：34~45 克
翼展：38~42 厘米
社会单位：群居
保护状况：无危
分布范围：太平洋、大西洋和印度洋

　　黄蹼洋海燕是数量最多的海燕，共计有千亿只。整体呈黑色，臀部为白色。足细长，飞行时，超过尾部。栖居于南部水域，冬季向北迁徙。只在地面上产 1 枚白色的卵。

Calonectris leucomelas
白额鹱

体长：48 厘米
体重：440~545 克
翼展：1.22 米
社会单位：群居
保护状况：无危
分布范围：亚洲东部、太平洋

　　白额鹱呈棕褐色，前额呈白色，头部小，带大理石纹，腹部呈白色，喙细且长。属于近海远洋鸟，常与其他海鸟一起活动，尾随渔船觅食。以洞穴为巢，孵化期为 60 天。

水禽

大量水禽栖居于淡水区域或海洋环境中。从海岸处起，浮游（几乎是漂浮）或滑行于水面上。红鹳、鸭子和苍鹭等鸟类不断进化，获得了一系列适应这种环境的特征，从而在此出生、成长、觅食和繁殖。

一般特征

一些鸟类依靠水生环境来度过生命周期中的关键时期。3%的鸟类适应海洋环境，其余的则适应淡水环境，同时也有一些鸟类在每年特定时期离开河流、湖泊或潟湖到海岸上栖息。任何环境下，它们都具备巧妙而多变的适应性，对水的生态系统功能起着重要作用。

门：	脊索动物门
纲：	鸟纲
目：	4
科：	15
种：	348

解剖结构

许多水禽有蹼足，即趾由膜连接，形成脚掌，这可以增强耐水性，并利于其在泥泞的土壤中行走。鸭子、海鸥和红鹳等的前三趾均由蹼连接。相反，潜鸟则每一趾间都带有蹼。鹈鹕的蹼膜还覆盖了后脚趾。而其他一些行走在泥土或水生植被中的鸟，如苍鹭、鹮和鹤，趾长，掌膜仅仅覆盖一部分脚趾。

水禽喙的形状同样也很独特，且与饮食类型有关。大部分鸭科鸟，如鸭子、天鹅和鹅，喙宽而平，横向或边缘处带薄膜层，用于过滤水和留住在泥土或海岸植被中觅得的食物（种子、植物、两栖动物和昆虫）。相反，普通秋沙鸭（*Mergus merganser*），喙窄，呈锯齿状，带钩端，有利于其捕捉小鱼。

过滤系统

红鹳拥有形状独特的喙，向下呈弧形，有利于收集浑水。舌头呈活塞状，如泵一样，使浑水经过薄膜层过滤，并将水与食物颗粒进行分离。

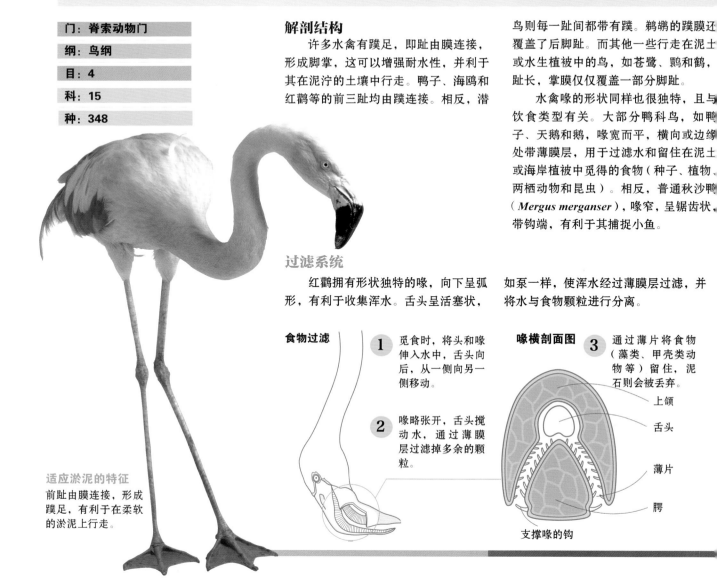

适应淤泥的特征
前趾由膜连接，形成蹼足，有利于在柔软的淤泥上行走。

食物过滤

1 觅食时，将头和喙伸入水中，舌头向后，从一侧向另一侧移动。

2 喙略张开，舌头搅动水，通过薄膜层过滤掉多余的颗粒。

喙横剖面图

3 通过薄片将食物（藻类、甲壳类动物等）留住，泥石则会被丢弃。

上颌

舌头

薄片

腭

支撑喙的钩

基于如下一系列的解剖特征，水禽的特点为：长喙、灵活的颈部（有利于获得食物）及独特的细足（帮助其在捉鱼时蹚过水流）。此外，苍鹭拥有"滑石羽"，即胸部和背部处杂乱分布的"粉"状羽毛，其中的"粉"状角质使羽毛不被沾湿。

运动

并非所有的水禽都擅长游水。鹳和苍鹭等用双腿在海岸上行走或在水中游涉。其他水禽则沿水面飞行，几乎不用游水，就可在水中获得食物，如鱼鹰（仅包括食鱼类）用爪子抓鱼。

鸭子借助桨一样的蹼足在水中滑动，但由于蹼足位于身体后方，因此在地面上行走时，蹼足向后晃动，甚是可爱。此外，鸭科鸟还擅长飞行，面临捕食者威胁时，会飞向空中。比如，林鸳鸯（*Aix sponsa*）沿水面"奔跑"时，速度可达 15 千米／小时，但飞行时速度可为该速度的 3~4 倍。潜水鸭和鸬鹚均依靠蹼足在水中前进。

食物

食物包括其在水中及岸上获得的鱼类、软体动物、两栖动物、藻类和植物。一些鸟类，如潜水鸭和海雀，依靠腿和翅膀的推进来觅食。其他一些鸟类，如鲣鸟，从空中俯冲入水中捉鱼。红鹳和一些鸭科鸟从水中过滤食物，鹅则进化到以草为食。苍鹭和麻鳽以各种各样的水生动物为食，它们常常在岸上或水面上等待，直至猎物准确落入喙所及的范围。

有些鸟类擅长偷抢其他鸟类的食物。最臭名昭著的"海盗"或"间接寄生物"是军舰鸟和贼鸥，它们追赶或骚扰其他海鸟（如海鸥和燕鸥）直至它们松开猎物，然后灵巧地截住食物。但是这种行为具有机遇性，相当于饮食的补充。

繁殖

繁殖频率多变。苍鹭、海鸥和鸬鹚等水禽习惯于以集群的方式筑巢，尤其是在海岸上。集群中有上百万只鸟，如此一来降低了其成为捕食者猎物的危险。比如崖海鸦（*Uria aalge*）群，每平方米可达 37 只。

爪子和游水

前进时，鸭子张开脚趾和脚掌充当桨；回到起点时，收拢脚趾和脚掌。一只蹼足向侧方推进，鸭子即可转动起来。

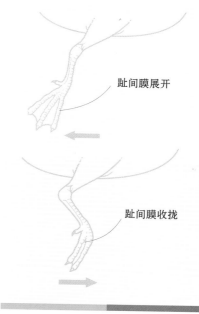

趾间膜展开

趾间膜收拢

总在水周围
虽然不像其他苍鹭一样是渔鸟，但白鹭喜欢在水源附近筑巢。

鹈鹕及其近亲

门: 脊索动物门	
纲: 鸟纲	
目: 鹈形目	
科: 8	
种: 65	

大部分鹈形目鸟类栖居于海洋环境中,且遍布全球。有蹼足,带四趾,其中某些鸟喙长且大,几乎所有鸟的喉部皮肤均无羽毛覆盖,两翼大,且气囊发育良好。它们通常下潜觅食,技巧娴熟,主要以鱼类和鱿鱼为食。以集群聚居,通常实行一夫一妻制,雏鸟为晚成鸟。

Phaethon rubricauda

红尾热带鸟

体长:90 厘米
体重:750~850 克
翼展:0.9~1.2 米
社会单位:群居
保护状况:无危
分布范围:印度洋和太平洋热带及温带水域

大部分为远洋鸟,虽然也可以在海岸附近和大洋岛上发现它们的踪影。极其擅长飞行,但在地面上行走时却极其笨拙。身体羽毛呈白色,有时略带粉色,尤其是背部。

眼睛前方和周围有一块明显的黑斑。尾巴处延伸出两支长长的中央羽毛,呈红色(因此而得名)。雏鸟无红尾。喙长,略带弧形,呈红色,喙端尖。

以大集群聚居,在大洋岛和珊瑚环礁上的灌木丛下或洞穴里筑巢。觅食时,集群较小,下潜觅食,技巧娴熟;主要以鱼类和鱿鱼为食。雏鸟区别于成鸟的特征为:身体后部带黑色条纹。

繁殖和培育
雌鸟在草量充足的地方(当作床垫)产下 1 枚卵。雌雄鸟一同照料雏鸟,为期67~91 天。

Phaethon lepturus

白尾热带鸟

体长:80 厘米
体重:250~400 克
翼展:90~95 厘米
社会单位:群居
保护状况:无危
分布范围:印度洋、太平洋和大西洋热带及温带水域

白尾热带鸟的身体大部分羽毛呈白色,眼睛上方有黑色条纹,身体其他部分也有羽毛呈黑色带状。它们尾部中央羽毛长,呈白色;虹膜呈蓝灰色;蹼足短,发黑;喙呈绿黄色或红橙色。尾基部有腺体,分泌微红物质,可使羽毛防水。因此,有时候分泌出这种物质时,会让它们看起来"脏兮兮"的。

白尾热带鸟较少固定一处,几乎总在海岸远处活动,飞行速度快,可捉鱼类和不同的头足类动物。

白尾热带鸟不筑巢,而是选择悬崖洞穴产卵,只产 1 枚。雌鸟负责孵化,孵化期为 28 天。雏鸟会与成鸟生活在一起,直至羽毛丰满,一般为 70~85 天。3~4 年才具备性成熟特征。

Pelecanus rufescens

粉红背鹈鹕

体长：1.25~1.32 米
体重：4~7 千克
翼展：2.15~2.9 米
社会单位：群居
保护状况：无危
分布范围：非洲和阿拉伯半岛南部

　　粉红背鹈鹕是最小的鹈鹕。喙很长，下颚有囊袋，体形瘦高，很易识别。羽毛呈浅灰色，"背部"（更准确来说是两翼下）略带粉色。初级羽毛和次级羽毛呈板栗灰色，飞行保护状况中整体呈深色。腿和爪子呈粉红色，有四趾和膜组成的蹼足。眼睛周围呈黑色，喙呈淡黄色。繁殖期间，喙下方的嗉囊十分显眼，由粉红色变为偏红色。

　　它们以集群方式将枝丫放在地面上筑巢。通常来说，雌鸟负责孵卵（2 枚），孵化期约 30 天。主要以鱼类为食。觅食时，嗉囊起着捕鱼网的作用，一旦捉到鱼，立即滤掉所有的水，吞掉猎物。

　　栖居于淡水、咸水水域，但多见于淡水区，在码头周围活动。

Pelecanus crispus

卷羽鹈鹕

体长：1.6~1.8 米
体重：9.5~12 千克
翼展：3.1~3.45 米
社会单位：群居
保护状况：易危
分布范围：欧亚大陆大部分地区

　　雌鸟比雄鸟小。成鸟羽毛呈白色，略带灰色调。喙呈黑色调，上部呈淡黄色。囊袋为橙黄色，在繁殖期间尤为明显。冠大且呈黄色。腿呈深灰色。叫声各种各样，包括嘶嘶声和咆哮声。

　　它们集群筑巢，建于湿地岸边的水生植被或地面上。雌鸟产卵 1~3 枚，孵化期超过 30 天。

喙长且直
游水时，头部浸入水中，用喙捕鱼并将其吞食。

Pelecanus occidentalis

褐鹈鹕

体长：1.06~1.37 米
体重：3.9~5.2 千克
翼展：1.9~2.13 米
社会单位：群居
保护状况：无危
分布范围：从加拿大穿过大西洋至巴西；穿过太平洋至秘鲁区域

　　性别二态性仅在体形较大、喙更长的雄鸟中才有体现。身体主要呈暗灰褐色，侧面带浅色线条，头部呈淡黄色，颈后部呈深褐色（繁殖季节），非繁殖季节时，颈部全为白色。腿短，发黑。雏鸟羽毛呈深棕色。它们是仅有的一种会从高处下潜捉鱼的鹈鹕，主要以鱼类为食。潜水时，嗉囊张开，摄入水和小鱼，然后吐出水，摄入鱼。如此循环。

多变的颜色
某些褐鹈鹕的喙呈红色和象牙色，其他一些则呈灰色。

Pelecanus onocrotalus

白鹈鹕

体长：1.4~1.75 米
体重：5 千克
翼展：2.7~3 米
社会单位：群居
保护状况：无危
分布范围：欧洲东部、亚洲中部和南部、非洲

　　白鹈鹕的体形较大。飞行过程中，羽毛呈白色，飞羽（黑色）除外。喙下部带嗉囊，呈淡黄色。性别二态性体，雄鸟体形较大，颈背处突出。通常在偏远的岛屿处聚居。巢位于地面，结构简单，由枝丫筑成。

Sula nebouxii

蓝脚鲣鸟

体长：85 厘米
体重：1.5~2.2 千克
翼展：1.5~1.7 米
社会单位：群居
保护状况：无危
分布范围：美洲东部太平洋热带和亚热带环境，尤其是加拉帕戈斯群岛和美国的加利福尼亚州

　　蓝脚鲣鸟又名"结巴鸟"，体形修长，翼长，尾巴长，喙呈锥形。羽毛呈白色，头和颈呈深色。具备远洋鸟习性，经常在海岸活动。无特定的繁殖季节。雌鸟通常产卵 1 枚，若产卵多于 1 枚，则雏鸟出生几天之后，相互竞争，胜者得以生存。从相当高的地方（达 30 米）俯冲啄鱼为食。飞行中，先是有力地拍打飞行，然后滑翔，大群鸟排成线形，一只接着一只。

蓝色调
腿和喙呈蓝色

Phalacrocorax carbo

普通鸬鹚

体长：0.8~1 米
体重：2~2.5 千克
翼展：1.2~1.5 米
社会单位：群居
保护状况：无危
分布范围：大西洋北部、北美洲、非洲、欧亚大陆和澳大拉西亚

　　普通鸬鹚的颈长，如身体其他部分，也呈黑色，略含绿色光芒，仅有某些部位颜色不同，喉部呈白色，眼睛周围呈蓝色，喙呈黄色。主要以鱼类为食，同时也吃甲壳类动物、两栖动物、软体动物和鸟。栖居于潟湖、水道、沼泽、河口和红树林中。在岩石海岸、悬崖或树上成群筑巢。巢为由枝丫构建的平台，有时地面上的洞穴也可作为巢。雌鸟产卵 1~6 枚，呈浅蓝色，孵化期为 22~26 天。繁殖季节，大腿上有明显的白斑。

强壮的颈和喙
颈椎呈"Z"形排列，因此当它们用喙啄食时，可以准确无误且具备爆发力

Phalacrocorax brasilianus

美洲鸬鹚

体长：65~75 厘米
体重：1~1.5 千克
翼展：1 米
社会单位：群居
保护状况：无危
分布范围：北美洲南部、中美洲及南美洲

　　美洲鸬鹚分布于各类湿地地区。颈长，呈"S"形，颜色发黑。以大集群聚居，全年均为繁殖季。在树林、灌木或岩石土壤中用草筑巢。一般每窝有 3~4 枚卵，孵化期为 30 天。食物包括小鱼、甲壳类动物、昆虫和青蛙。

Phalacrocorax africanus

长尾鸬鹚

体长：75 厘米
体重：2~3.5 千克
翼展：1~1.2 米
社会单位：群居
保护状况：无危
分布范围：非洲

长尾鸬鹚常活动于海域、河流、湖泊和淡水潟湖中。羽毛主要呈黑色，两翼带灰斑，背部带银色色调，头部带绿色调，在繁殖季节尤为明显。足呈黑色，有四趾和膜组成的蹼足（鹈形目典型特征）。喙颜色发红，呈钩状。食物包括鱼类、青蛙、甲壳类动物和水生昆虫。在树上或地面洞穴内筑巢。

充满耐性的策略
无尾脂腺为羽毛分泌油脂，因此，它们张开双翼，以便阳光将其晒干。

Phalacrocorax gaimardi

红腿鸬鹚

体长：60~70 厘米
体重：2~3 千克
社会单位：群居
保护状况：近危
分布范围：南美洲西海岸和东海岸南端

晒太阳
羽毛不防水，很容易泡湿，因此需要经常晒太阳，以便晒干羽毛。

红腿鸬鹚的身体大部分羽毛呈银灰色，带白斑；喙呈红色和黄色。蹼足呈红色，虹膜呈绿色。在陡峭的岩石峭壁成群筑巢，材料选用藻类、土壤和鸟粪。通常产 3 枚卵，呈浅天蓝色。栖居于岛屿、海岸及河岸处。下潜入水捉鱼，技巧娴熟。

Anhinga rufa

红蛇鹈

体长：81~97 厘米
体重：1.05~1.35 千克
翼展：1.15~1.28 米
社会单位：群居
保护状况：无危
分布范围：几乎遍及北部之外的整个非洲

性别二态性
雌鸟颈后部呈金黄色，雄鸟呈深棕褐色。

红蛇鹈的颈长而细，喙直且尖，利于捉鱼。也吃青蛙、甲壳类动物和小蛇。擅长飞行，借助气流滑翔，可飞至很高的高度。栖居于流速缓慢的河流和淡水区。常常张开双翼晒太阳。

Fregata magnificens

丽色军舰鸟

体长：0.91~1.11 米
体重：1.2~1.7 千克
翼展：2~2.5 米
社会单位：群居
保护状况：无危
分布范围：大西洋温带水域、环美洲太平洋东部

丽色军舰鸟的体形较大，喙长，喙端呈钩状，尾部分叉严重，拥有典型的远洋鸟习性。翼展长，双翼可以持续滑翔 1 小时之久，并保持一动不动。飞行中不发出声音，但在巢穴中时，会发出鸣叫。喜在灌木丛、红树林和荒岛上的小树木中筑巢，有时也会在岩石顶部简单地构建一个衬有羽毛的巢。

孵化期约为 41 天，雌雄鸟共同孵卵、照料雏鸟并进行喂食。通常只产 1 枚卵，有时 2 枚，卵呈白色椭圆状。

雌鸟体形较雄鸟大。它们擅长飞行，速度快，因此具备在空中从其他鸟处抢食的本领。通常跟在海鸥和燕鸥群之后抢夺战利品。食物包括头足类动物、软体动物、鱼类和甲壳类动物。雄鸟与雌鸟的区别在于有可以膨胀为鲜红色气球状的嗉囊，并以此来进行戏剧性的求偶仪式。

鹳和鹭

门:	脊索动物门
纲:	鸟纲
目:	鹳形目
科:	3
种:	116

腿长，趾发育良好，鹳形目鸟类活动于浅水区，主要以鱼类、两栖动物、田螺及其他软体动物、昆虫和蠕虫为食。颈和喙长，有助于觅食。雌雄鸟形态特征相似，但繁殖期间雄鸟会呈现一些其他特征。

Ardea goliath

巨鹭

体长: 1.2~1.5 米
体重: 4.3~4.5 千克
翼展: 2 米
社会单位: 独居或成对
保护状况: 无危
分布范围: 非洲及中东地区

巨鹭无迁徙习性。栖居于河流、湖泊、沼泽或其他淡水及咸水环境。主要以大鱼、腐肉和青蛙、蛇等小型动物为食。拥有夜行习性。交配期间羽毛灰色和橙棕色更加鲜明。实行一夫一妻制，雌雄鸟均负责照料巢穴和雏鸟。雌雄鸟外观相似。

栗色和灰色
脊背羽毛呈灰色，头和颈呈栗色。

Pilherodius pileatus

蓝嘴黑顶鹭

体长: 56~59 厘米
体重: 500~550 克
社会单位: 成对
保护状况: 无危
分布范围: 南美洲

蓝嘴黑顶鹭的喙、面颊和眼睛周围呈蓝色，颈部羽毛呈黄色，身体其余部分呈白色。头上有两根长长的羽毛。

栖居于雨林、河流附近和淡水池塘中。用树枝在树上筑巢。雌鸟产2~4 枚卵。以鱼类、青蛙等小型动物和昆虫为食。多在水中觅食。

长喙
基本色为蓝灰色，喙端呈黄色或灰色。

Syrigma sibilatrix

啸鹭

体长: 53~58 厘米
体重: 520~545 克
社会单位: 成对
保护状况: 无危
分布范围: 南美洲部分地区

啸鹭的胸部和颈部羽毛呈浅黄色，背部和两翼呈蓝灰色，面颊和眼睛周围呈蓝色。雌鸟一年繁殖一次，每窝产2~4 枚卵。在交配前会在地上跳舞，进行杂技式飞行，发出类似笛声的叫声（因此而得名）。用枝丫在远离水的地方筑巢。白天活动，是树栖鸟，主要以蜥蜴和青蛙等小型动物为食，另外还吃昆虫。

冠
由2~4 根黑色或灰色的羽毛组成。

Egretta alba
大白鹭

体长：1 米
体重：0.912~1.15 千克
翼展：1.5 米
社会单位：群居
保护状况：无危
分布范围：美洲、非洲、亚洲以及欧洲和大洋洲的部分地区

　　大白鹭的羽毛呈白色，腿呈黑色，喙呈黄色。占据大量领地，擅长捕鱼，也猎取两栖动物和昆虫。日落时，几只大白鹭聚集在一起休息。雄鸟选取一个领地，并在此跳复杂的舞，以吸引雌鸟。交配期实行一夫一妻制，雌雄鸟均负责孵卵、喂养和照料雏鸟。

Bubulcus ibis
牛背鹭

体长：46~56 厘米
体重：300~400 克
翼展：88~96 厘米
社会单位：群居
保护状况：无危
分布范围：美洲、大洋洲、欧洲、亚洲和非洲

　　牛背鹭的腿短，驼背，羽毛呈白色，略带鲑鱼肉色，是迁徙鸟，而且是本物种中最具陆地习性的鸟。栖居于有草的开放区或草原地区，尤其是放牧区。白天活动，以虾蟆或甲虫等昆虫及青蛙和蜥蜴等小型动物为食。通常用枝丫在树上或灌木丛中筑巢。雌雄鸟均负责孵卵。

Nycticorax nycticorax
夜鹭

体长：60~65 厘米
体重：800 克
翼展：0.98~1.1 米
社会单位：群居
保护状况：无危
分布范围：美洲、非洲、亚洲和欧洲

　　夜鹭的颈部、胸部和四肢呈白色，头上部和背部呈深灰色，眼睛呈深红色。是迁徙鸟，有黄昏和夜间活动的习性。夜鹭主要以鱼类为食，但也食用水生及陆生小昆虫以及螃蟹、贝类、两栖动物和啮齿动物。它们栖居于浅水河、小溪、潟湖、湖泊和沼泽岸边的森林地区。

Tigrisoma lineatum
栗虎鹭

体长：65 厘米
体重：5 千克
翼展：80 厘米
社会单位：独居
保护状况：无危
分布范围：中美洲和南美洲

　　栗虎鹭的背部呈棕褐色，腹部呈桂皮色，胸上部呈褐色。自颈部到胸部带白色线条，眼睛呈浅橙色；腿短，呈橄榄绿，喙呈黑色，喙端较窄。栖居于河流或沼泽附近的森林地区。以鱼类、甲壳类动物及昆虫为食。

Scopus umbretta
锤头鹳

体长：47~56 厘米
体重：415~470 克
翼展：90~94 厘米
社会单位：成对
保护状况：无危
分布范围：非洲部分地区、阿拉伯半岛

　　锤头鹳以两栖动物、小鱼和甲壳类动物为食。巢穴直径可达 2 米。每窝有 3~7 枚卵，雌雄鸟共同孵卵。羽毛呈棕色，喙长，喙端呈钩状。鸟冠呈锤头状，因此而得名。与其他鹳相比，锤头鹳的颈和腿较短。

Balaeniceps rex
鲸头鹳

体长：1.1~1.4 米
体重：4~7 千克
翼展：2.3~2.6 米
社会单位：独居
保护状况：易危
分布范围：非洲中部

　　鲸头鹳的喙大，呈黄色，带黑斑；喙端呈钩状，下颚尖利，有助于捕食。栖居于沼泽地区，在地面上筑巢。雄鸟体形较大，羽毛呈灰蓝色，有鸟冠。

Ardea cinerea

苍鹭

体长：0.84~1.02 米
体重：1~2 千克
翼展：1.55~1.75 米
社会单位：群居
保护状况：无危
分布范围：欧洲、亚洲、非洲、南美洲和大洋洲

雏鸟
羽毛呈灰色，无成鸟拥有的黑冠。

在欧洲，苍鹭是体形最大的鹭。雌雄鸟外观相似。栖居于河流、湖泊和潟湖附近。

迁徙习性

繁殖期之后的 9~10 月之间，古北界地区大部分苍鹭进行季节性迁徙，然后在 2 月返回筑巢地。那些生活在更南端地区的苍鹭，倾向于在当地定居或仅有部分会进行迁徙。

繁殖和养育

一般而言，繁殖期所用地区常被下一代继续沿用。雌鸟产 4~5 枚卵，与雄鸟共同孵卵，孵化期约为 25 天。雏鸟出生初期，以亲鸟反刍的食物为食。

巢穴
雌雄鸟共同筑巢，通常位于树木高处，偶尔也位于地面上。

相互竞争

一旦发现猎物，苍鹭会尽全力捕捉。苍鹭独自或成群结队觅食，是间接寄生物，攻击其他鸟，并抢夺其食物，甚至会从同集群成员处抢夺食物。抢夺食物时，具备很强的攻击性。配偶之间也存在敌意，各自在巢穴中均拥有专属空间。

10~25 厘米
所捕捉鱼的大小范围。

拱形翅膀
翅膀上部呈灰色，下部呈白色。双翼呈拱形。

黑冠
成鸟头部呈白色，细长，呈黑色，是苍鹭的典型特征。

灵活的颈部
飞行过程中，颈呈"S"形，这是苍鹭的典型特征。

捕鱼方法

为了捉鱼（基本食物），苍鹭会耐心地观察，并迅速捕捉。随后将其吞咽或运至地面上，以便后续食用。

1 观察
为了捕捉猎物，苍鹭停在水边，并且保持一动不动，直到鱼的出现。

2 捕捉
当鱼在其攻击范围内移动时，苍鹭向前倾，并用喙捉鱼。

3 吞咽
若鱼小，苍鹭就将其整个吞咽。反之，则用岩石将鱼杀死，然后运至地面上。

形如鱼叉的喙
苍鹭的喙长、硬实且尖利，这是栖居于浅水域附近的鸟类所具备的典型特征。这种喙的特殊结构有助于其迅速下沉，并毫不费力地捕鱼。苍鹭的喙呈浅粉黄色，成年后颜色会更加艳丽。

猎物
食物包括两栖动物、小型哺乳动物及其他鸟类，但主要以鱼类为食。捕鱼时，须进行长时间观察，对其战利品有强烈的保护欲。

擅长长途跋涉的腿
与红鹳及鹳一样，苍鹭的腿和脚趾极长，爪的第一趾朝后。这些特征有助于其在复杂的地面上行走，如沼泽及水源岸边。行走时，由脚趾支撑其重力。

胫骨
与跗骨连接，形成胫跗骨。侧面腓骨发育欠缺。

踝关节
也称为假膝，因为它与向后弯曲着的膝盖相连。

爪子I
趾1（拇指）和趾2拥有3根趾骨，趾3拥有4根趾骨，趾4拥有5根趾骨。

爪子II
远端跗骨与跖骨连接在一起，形成跗跖骨。

200-250
由200~250只苍鹭结成群进行迁徙。

Anastomus lamelligerus

非洲钳嘴鹳

体长：55~60 厘米
体重：1~1.25 千克
翼展：1.8 米
社会单位：群居
保护状况：无危
分布范围：撒哈拉以南的非洲

　　非洲钳嘴鹳的大部分羽毛呈黑色，套膜处呈明亮的绿色或棕色调。喙大，呈棕色，喙基处颜色较浅。两腭之间有 5~6 毫米的空间，至喙端处，间隔消失。通常栖居于广袤的淡水湿地，有时也活动于沼泽和湖泊中。基本以水生田螺和贻贝为食，也吃青蛙、螃蟹、鱼类、蠕虫及大昆虫。喙闭上时，两腭之间会留出一个开放的空间。它们独自或成群地捕鱼。

　　繁殖期在雨季，此时食物充足。它们与各种鸟集群聚居，用枝丫（内

迁徙
雨季来临后，在各个跨赤道的非洲国家间迁徙。

张开的喙
喙的结构，有助于其提取外壳中的软体动物。

外铺草、水生植被、树叶等）在水周围的灌木丛上筑巢。产 2~5 枚卵，孵化期为 25~30 天，雌雄亲鸟共同照料雏鸟。雏鸟出生后 50 天左右离巢。

腿
腿长，与爪子一样，呈黑色。

Jabiru mycteria

裸颈鹳

体长：1.2~1.5 米
体重：6.5 千克
翼展：3 米
社会单位：独居
保护状况：无危
分布范围：从墨西哥至阿根廷北部

　　裸颈鹳是新大陆体形最大的鹳。名字源于瓜拉尼语，意为"膨胀的颈"，指位于颈部的皮下气囊的膨胀力。但它们是哑的，既不能发出声音也无法唱歌，而是通过用喙啄击来与外界进行交流。求偶期间，雄鸟会上下晃动喙。终身实行一夫一妻制，一对一对单独筑巢。每年秋末回到其在树木高处的巢穴中，产 3~4 枚卵，雌雄鸟轮流孵化，共同照料雏鸟。它们栖居于潟湖和河流附近，以鱼类、软体动物和两栖动物为食，有时也吃爬行动物和小型哺乳动物。

颈部
发生冲突或被激怒时，颈部一部分皮肤变成鲜红色。

饮食
捉住猎物时，将喙伸出水面，头向后仰将其吞咽。

Leptoptilos crumeniferus

非洲秃鹳

体长：1.3~1.5 米
体重：4~6 千克
翼展：2.3 米
社会单位：群居
保护状况：无危
分布范围：撒哈拉以南的非洲

　　非洲秃鹳有食腐肉的习惯，头颈无羽毛。为了追逐猎物，它们会借助上升的热气流在高空滑翔。以无脊椎动物、鱼类、爬行动物、两栖动物、小鸟和哺乳动物为食。在树木和树枝的沟壑中筑巢。每窝有 2~3 枚卵，雌雄鸟共同孵化及照料雏鸟。

Ciconia ciconia

白鹳

体长：1~1.15 米
体重：2.3~4.4 千克
翼展：1.55~1.95 米
社会单位：群居
保护状况：无危
分布范围：欧洲温带地区、亚洲西南部
以及非洲西北部、中部和南部

　　白鹳栖居于自然环境及人类改造的环境中。通常在地势高的地方筑巢，如塔、钟楼和树。食物包括昆虫、小老鼠和鱼类。春天求偶，求偶活动包括用喙啄击以及晃动颈部。产 3~5 枚卵，孵化期为 30 天。每年雄鸟均会用更多材料维修巢穴，直径达 1.5 米，高达 2 米。成鸟将共同照料雏鸟 50~60 天。在此之后，将由其中一只亲鸟独自照料它们。12 月至次年 7 月期间，成群的白鹳从欧洲向非洲迁徙。

羽毛
呈白色，翅膀上的初级羽毛呈黑色。

长喙
十分尖利，长为14~19 厘米。

筑巢
利用栖息地周围一切可用材料筑巢，从树枝、草到毛织物，甚至是塑料。

Ciconia nigra

黑鹳

体长：0.9~1 米
体重：3 千克
翼展：1.5~1.6 米
社会单位：独居
保护状况：无危
分布范围：欧洲、亚洲以及非洲中部和南部

　　黑鹳以鱼类、两栖动物、昆虫、小型哺乳动物、爬行动物和软体动物为食。求偶仪式很复杂，求偶期间，雌雄鸟颈沿各个方向进行蜿蜒曲折的波浪状运动，尾巴张开，呈扇形，展示其白色羽毛。一般在较高的树上独自筑巢居住。

Mycteria ibis

黄嘴鹮鹳

体长：0.95~1.05 米
体重：2~3 千克
翼展：1.5~1.65 米
社会单位：群居
保护状况：无危
分布范围：非洲

　　黄嘴鹮鹳栖居于淡水和咸水水域周围。可在河口、岛屿、海岸和河岸处发现其栖息在树上的踪影。以小型水生生物为食，如青蛙、鱼类、昆虫、蠕虫、甲壳类动物，偶食小型哺乳动物和鸟类。

　　求偶期间，雄鸟在较高的树上，用树枝筑巢，然后教雌鸟筑巢方法，并通过各种运动来吸引雌鸟的注意。通常以集群聚居，有时也与其他鸟类一同栖居。产 2~4 枚卵，雌雄鸟共同孵化，孵化期约为 30 天。

　　在非洲大陆上进行不定期的迁徙，通常是向水平面高、鱼类丰富的地方迁徙。

飞行
虽然通常飞行高度不超过 150 米，但可飞至 1500 米高处。

Geronticus eremita
隐鹮

体长：70~80 厘米
体重：1.3 千克
翼展：1.25-1.35 米
社会单位：群居
保护状况：极危
分布范围：非洲北部部分国家和地区

　　除了颈部有一绺羽毛之外，隐鹮的头部及喉部无羽毛覆盖；喙呈红色弯曲状。羽毛呈黑色，带金属反光。栖居于干旱、半干旱平原耕地区，岩石区和高草甸中。巢穴位于飞檐、断层岩石洞穴中，以 30~40 对的集群聚居。饮食包括爬行动物、昆虫、鱼类和两栖动物。

Threskiornis aethiopicus
非洲白鹮

体长：65~80 厘米
体重：1.5 千克
翼展：1.15~1.25 米
社会单位：独居或群居
保护状况：无危
分布范围：非洲及亚洲

长喙
喙呈黑色，向下呈拱形。

黑与白
头部、颈部和腿无羽毛覆盖，皮肤呈黑色，和白色羽毛形成鲜明对比。

社交性
社交性强，可与其他鸟类在同一栖息地和谐共处。

　　非洲白鹮栖居于红树林、耕地及河流岸边。繁殖季节在雨季。雨季过后，向赤道以北或以南迁徙数百千米远。以集群聚居，用枝丫筑巢。产 2~4 枚卵，雌雄鸟共同孵卵，孵化期约为 30 天。雏鸟存活率低。基本以无脊椎动物为食。

Eudocimus albus
美洲白鹮

体长：54-65 厘米
体重：700 克
翼展：96 厘米
社会单位：独居或群居
保护状况：无危
分布范围：从美国南部至哥伦比亚

　　美洲白鹮栖居于河口和潟湖等淡水或咸水水域以及城市区的垃圾场。基本以小型水生无脊椎动物为食，如螃蟹、水生昆虫、幼虫和蠕虫、小鱼、青蛙及其他所有可捉到的小型动物。独居或数百只成小群聚居。具体的繁殖期视不同地方而定：一些美洲白鹮在雨季繁殖，另一些在秋季繁殖。各种鹮和鹳聚居。产 2~4 枚卵，雌雄鸟共同孵化，孵化期为 23 天。

面部特征
面部额头以下无羽毛，为橙色。

呈拱形的喙
喙长，颜色为面部基本色，喙基部颜色较深。

擅长飞行
颈向前伸长，腿向后，超过尾巴。拍打翅膀，滑翔。飞行速度可达40 千米/小时。

Theristicus caerulescens
铅色鹮

体长：62~80 厘米
体重：700 克
社会单位：独居
保护状况：无危
分布范围：南美洲

　　铅色鹮全身羽毛呈灰色，额发呈白色，前颈部有白色横纹。腿和虹膜呈红色，栖居于河口、潟湖、沼泽和淹没区。食物包括昆虫、鱼类和甲壳类动物。

　　不是迁徙鸟。与本属其他鸟不同的是，喜独居。在较高植被或沿水面用枯枝、植被与泥土筑巢。最多产 3 枚卵。

Platalea ajaja
玫瑰琵鹭

体长：71~81 厘米
体重：1.5 千克
翼展：1.2~1.3 米
社会单位：独居或群居
保护状况：无危
分布范围：北美洲部分地区和南美洲

玫瑰琵鹭栖居于被浅水淹没的陆地中。可在湖岸、水不太浑的静水河口处发现其踪影。以甲壳类动物、昆虫幼虫、软体动物、两栖动物、鱼类、水生植物和种子为食。捕鱼时，喙略张，头从一侧晃向另一侧，捉到鱼后，会合上喙。

以小集群聚居，用树枝在离水域较近的隐蔽灌木丛中及红树林中筑巢。雌雄鸟共同筑巢和照料雏鸟。每窝 2~4 枚卵，孵化期为 22~24 天，由亲鸟共同孵化。雏鸟出生后，喙是直的，略带喙端，几周后长成勺状。

主要颜色
几乎全身羽毛都呈粉红色。

扁平的喙端
喙长而平，喙端呈圆形。

Platalea leucorodia
白琵鹭

体长：80~93 厘米
体重：1.1~1.6 千克
翼展：1.2~1.35 米
社会单位：独居或群居
保护状况：无危
分布范围：欧洲、亚洲和非洲

白琵鹭几乎全身呈白色，但腿呈深色，喙呈黑色，喙端为黄色，胸部有一块呈黄色。

栖居于无太多水流的水域，偏好富含植被的岸边。觅食时，动作独特，在水中缓慢移动，扁平的喙有技巧地向两侧摇动，直至发现鱼类、小型爬行动物、青蛙、甲壳类动物和软体动物。

以集群聚居，可与本科鸟或其他类鸟聚居。用水生草本植物、枝丫和叶子在地面上的草丛及灌木丛中筑巢。通常每窝有 3~4 枚卵，多时可有 7 枚。雌雄鸟共同孵卵，孵化期为 24~25 天。

功能性喙
可用作基本的觅食工具，在浅水中寻觅食物。

休息时间
白天大部分时间都在休息中度过，单腿站立休息。

Plegadis falcinellus
彩鹮

体长：48~65 厘米
体重：500~800 克
翼展：80~95 厘米
社会单位：独居或群居
保护状况：无危
分布范围：欧洲南部、非洲、亚洲、澳大利亚、大西洋地区、北美洲和加勒比海地区

彩鹮是分布最广的鹮。羽毛呈褐色。栖居于湖泊、河口和水稻种植区。以鱼类、蠕虫、软体动物、青蛙为食，偶尔也吃昆虫。可独居，也可以小群或大群聚居。

繁殖季节发出嘎嘎声和咆哮声。与其他鹮共同以集群聚居，用柔软的草在树上筑巢。每窝产 1~5 枚卵，呈浅蓝色或绿色。雌雄鸟共同孵卵，孵化期约为 21 天。

红鹳

门:	脊索动物门
纲:	鸟纲
目:	红鹳目
科:	红鹳科
种:	5

红鹳的腿和颈长，羽毛呈粉红色，喙弯曲、粗壮而不失细腻，这些特征使它们成为一个独特的群体。红鹳属于水禽，主要活动于开放性咸水潟湖中，并在此觅食。它们以大集群聚居和繁殖，一个集群中可有数千只红鹳。

Phoenicoparrus andinus
安第斯火烈鸟

体长: 1.02~1.1 米
体重: 2~2.4 千克
翼展: 1~1.6 米
社会单位: 群居
保护状况: 易危
分布范围: 秘鲁南部、玻利维亚东部、智利北部和阿根廷西北部

安第斯火烈鸟的身体羽毛呈白色，覆羽呈粉红色，头部、颈部和上胸部呈紫红色。身体后部1/3处羽毛呈黑色，可根据这个特征轻易识别它们。5种红鹳中，只有安第斯火烈鸟的腿呈黄色。喙呈黑色，基部呈黄色。

栖居于地势高的潟湖地区，海拔高度多为3500~4500米。多活动于略深的浅碱性水域中。主要以硅藻（微小的单细胞藻类）为食，此外也吃可及范围内的无脊椎动物。吞咽食物时，须抬起头。繁殖季节为12月至次年1月。与其他红鹳一样，会举行"求偶仪式"，15~150只安第斯火烈鸟聚集在一起，喙朝天空方向伸，颈直立，从一侧到另一侧晃动头，发出厚重的嘎嘎声，以进行求偶。数天之后，雌雄鸟进行交配。几周后，数千只火烈鸟集体筑巢。安第斯火烈鸟可与智利火烈鸟和詹姆斯火烈鸟一起生活。它们用泥土筑巢，巢呈中央凹陷的截锥体，每窝仅有1枚卵。

觅食
觅食时，它慢慢地走动，把喙埋没在水中，摇头寻找水底的食物。

Phoenicopterus jamesi
詹姆斯火烈鸟

体长: 90~92 厘米
体重: 2 千克
社会单位: 群居
保护状况: 近危
分布范围: 秘鲁南部、玻利维亚东部、智利北部及阿根廷西北部

体形较安第斯火烈鸟小。腿呈红色，与其他红鹳不同的是，它只有三趾。喙为橙黄色，喙端尖利，呈黑色。尾巴羽毛呈黑色，没有安第斯火烈鸟显眼。繁殖季节，成鸟胸部有一道道红色或粉红色条纹。

栖居于海拔超过3500米的咸水湖中，虽与安第斯火烈鸟相差无几，但纬度越高，詹姆斯火烈鸟越多，它们常活动于较浅的强碱性潟湖中，觅食情况与安第斯火烈鸟类似，主要以硅藻为食，也吃无脊椎动物。所有红鹳中，詹姆斯火烈鸟的喙最小，因此过滤区更小。

詹姆斯火烈鸟成大集群聚居。雌雄鸟共同在窝中孵卵。雏鸟即将出生时，雌雄鸟共同帮助其破壳而出。雏鸟出生时，喙直，但很快会长成弯曲状。出生12天后，雏鸟离巢，3~4年后才可拥有成鸟般的羽毛。据说，夏末时，詹姆斯火烈鸟会从地势较高的繁殖区迁徙至地势较低的湖泊。

Phoenicopterus chilensis
智利火烈鸟

体长：1.05 米
体重：2.3 千克
翼展：40 厘米
社会单位：群居
保护状况：近危
分布范围：秘鲁中部到火地岛，延伸至
巴西南部和乌拉圭

智利火烈鸟的羽毛呈鲑鱼肉色，
两翼覆羽呈鲜红色，遮住了黑色飞
羽，而黑色飞羽仅在飞行中可见。
喙大，一半呈浅粉色，另一半呈黑色。
腿呈灰蓝色，跗骨关节、趾和蹼足
膜呈红色。

以甲壳类动物和软体动物等多种
无脊椎动物为食。觅食时，头没入水
里，前进时，头向两侧移动。

在水中踢 重重地踩下去，然后转动，以推开脚下的物质和植被。

Phoenicopterus ruber
加勒比海红鹳

体长：1.2~1.45 米
体重：2.1~4.1 千克
翼展：1.4~1.65 米
社会单位：群居
保护状况：无危
分布范围：美国南部、加勒比海及尤卡坦半岛

加勒比海红鹳是体形最大的红鹳。
喙基部呈白色，中间为粉红色，尖端为
黑色。腿和羽毛呈粉红色，翅膀上部羽
毛呈黑色，仅在飞行时可见。

通常栖居于不利于其他物种生存的
咸水域河口中，因此食物源众多且竞争
小，捕食风险低。当某地缺乏食物时，
会移至新的觅食点，但通常不会回到原
来的地点觅食。以小型微生物为食，如
蠕虫、软体动物、甲壳类动物和昆虫。
可从食物中获取类胡萝卜素化合物，粉
红色来源于此，这是所有红鹳的特征。
若未摄入此类化合物，颜色将变浅，因
此其羽毛可作为营养度指示器。

与所有红鹳一样，实行一夫一妻制。
雌雄鸟共同孵化及喂养雏鸟，甚至在其
离巢后还对其进行照料。以大集群聚居，
起到相互保护作用：当一些红鹳低头觅
食时，另一些可以保持警惕。它们通常
单腿站立，据说在浸入水中几小时之后，
这种行为可帮助其保持体温。

Phoeniconaias minor
小红鹳

体长：80~90 厘米
体重：1.5~2 千克
翼展：0.95~1 米
社会单位：群居
保护状况：近危
分布范围：非洲南部，巴基斯坦和印度西北部，
有时也在欧洲南部

小红鹳体形较小。雌鸟较雄鸟
小且轻，这是本目的一般特征。喙
长，呈深色，喙端有一块呈淡红色。
栖居于盐碱湖及海岸潟湖中。饮食
高度专一，以仅在碱性水中生长的
蓝藻为食，并由此获取色素化合物。
少量的小红鹳还吃水生无脊椎动物，
如轮虫。它们在静水中觅食，将一
部分喙浸入水中。由于环境条件不
利，经常会进行长途跋涉。因此，
繁殖季节不定，取决于地域和雨季。
此外，成鸟并非每年都繁殖。

鸭、鹅及其近亲

门：	脊索动物门
纲：	鸟纲
目：	雁形目
科：	3
种：	162

本目由三科组成：叫鸭科，由三种粗壮的鸟组成，如冠叫鸭；鹊雁科，只有一个物种；鸭科，约有150种，分布于全球，包括鸭子、鹅和天鹅。极其擅长游水，典型特征为身体粗壮、喙长。

Anseranas semipalmata
鹊鹅

体长：70~90 厘米
体重：2~2.8 千克
社会单位：群居
保护状况：无危
分布范围：澳大利亚北部和东部、新几内亚岛南部、印度尼西亚

鹊鹅又名花斑鹅，羽毛颜色黑白相间，腿呈黄色。雏鸟颜色较灰，且斑纹更多。栖居于潮湿草原、沼泽地区。属于草食动物，以种子和枯草叶子为食。不会进行真正意义上的迁徙，但为了觅食，会成群结队地移至不同地方。雨季过后，繁殖季节来临。实行一夫多妻制，一只雄鸟通常与两只雌鸟配对。

每窝通常有 5~11 枚卵，而每只雌鸟一般产 6~8 枚卵。雌雄鸟共同孵卵及照料雏鸟。

突起部分
位于头顶，大小多变，雄鸟额上的突起部分大于雌鸟

Anhima cornuta
角叫鸭

体长：84~94 厘米
体重：3~3.15 千克
社会单位：成对或群居
保护状况：无危
分布范围：从哥伦比亚、委内瑞拉、圭亚那至玻利维亚和巴西

因其头上有一突起的角而成名。体形与冠叫鸭相似，两翼上有一对叉骨。栖居于淡水体附近，常常在较高的树上和灌木丛中栖息。主要以草类食物为食。巢穴大。每窝有 2~7 枚卵，雌雄鸟共同孵卵。雏鸟为早成鸟，出生时羽毛为黄灰色。

角
观赏性软骨质角：无任何防护功能

Chauna torquata
冠叫鸭

体长：83~95 厘米
体重：4.4 千克
社会单位：成对或群居
保护状况：无危
分布范围：玻利维亚、巴西南部、阿根廷北部中心、巴拉圭、秘鲁和乌拉圭

冠叫鸭的体形粗壮，头小，后冠毛长。双翼粗大，有一对起防御作用的叉骨。羽毛主要呈灰色。栖居于开放性的潮湿水体附近，常活动于浅水区和浮游植被上。主要以叶子、种子和水生果实为食，有时也吃昆虫。实行一夫一妻制，不迁徙，是陆栖鸟。巢穴位于地面上，大而简单，每窝有 3~6 枚浅黄色的卵。雌雄鸟轮流孵化，雌鸟白天孵卵，雄鸟晚上孵卵。雏鸟羽毛浓密，为橙黄色。出生时，就可以独自移动和觅食（属于早成鸟），但会与成鸟共同居住，直至发育完全。因其独特的洪亮叫声（cha-jáaa, cha-jáaa）而得名。

Cygnus olor
疣鼻天鹅

体长：1.25~1.6 米
体重：6.5~15 千克
翼展：2.4 米
社会单位：成对
保护状况：无危
分布范围：欧洲中部和北部、亚洲中部和东部

疣鼻天鹅又名白天鹅，栖居于沼泽、潟湖、池塘、流量较小的河流以及封闭型海湾等避风海域。雌雄鸟外观相似，但雄鸟通常体形较大。觅食时，长颈伸入水中，身体浮在水面（不下潜）。基本以水生植物为食，偶食小型两栖动物和水生无脊椎动物。一对一对单独在水面或芦苇丛中筑巢，每窝有 5~7 枚卵。雏鸟出生 3 年后方可性成熟。

喙
一般呈扁平状，喙中带薄片，可过滤食物。

"S" 形颈
颈长而弯，是所有天鹅的典型特征。

Cygnus melanocorypha
黑颈天鹅

体长：1.02~1.24 米
体重：3.5~6.7 千克
翼展：1.77 米
社会单位：群居
保护状况：无危
分布范围：从智利中部及巴拉圭到火地岛及马尔维纳斯群岛。冬季，巴西东南部

头部、颈部呈黑色，身体呈白色，形成鲜明对比，因此而得名。喙上有突起的红色肉阜（肉质突起）。栖居于河口、潟湖或淡水湖及咸水湖。白天常在离海岸较远的地方活动，筑巢优选植被茂密的区域。每窝有 4~8 枚卵，用脊背驮雏鸟。以植被、软体动物、甲壳类动物、昆虫幼虫和鱼卵为食。进行季节性迁徙。呈三角形编队飞行。

Dendrocygna bicolor
茶色树鸭

体长：45~53 厘米
体重：6.21~7.55 千克
社会单位：群居
保护状况：无危
分布范围：从美国南部到阿根廷北部，非洲和印度

全身羽毛主要呈棕褐色。喙长，腿呈灰色。栖居于富含植被的沼泽地区及淡水湖。夜晚以种子、花和部分植物为食。繁殖季节取决于可用水量的多少。在土丘或树洞中筑巢。经常发出噪声和短促的哨子声。

Anser anser
灰雁

体长：76~89 厘米
体重：2.5~4.1 千克
社会单位：群居
保护状况：无危
分布范围：欧洲北部及中部、亚洲

灰雁的羽毛呈灰棕色，腿呈粉色，喙为橙色。栖居于湿地和洪泛区。以草、根和叶子为食；冬天还吃谷物、土豆及其他蔬菜。在地势较高的芦苇和灌木丛中筑巢，每窝有 4~6 枚卵。以小集群聚居或数千只成群聚居。长途飞行时呈"V"字形。也可通过奔跑来躲避捕食者。

Anser caerulescens
雪雁

体长：66~84 厘米
体重：2.5~3.3 千克
社会单位：群居
保护状况：无危
分布范围：北美洲

雪雁呈蓝色或白色。有的雪雁通体呈白色，翼端呈黑色，腿呈红色，喙呈粉色。有的雪雁呈蓝色，其头部、腹部、腿和喙颜色与白雪雁相同。栖居于含水或多石的沼泽苔原区。以水生植物为食，冬季也吃谷物和蔬菜。繁殖季节之后，成大群迁徙，并在海岸附近的沼泽地及草地上过冬。

Branta canadensis

加拿大黑雁

体长：0.76~1.1 米
体重：2.5~6.5 千克
翼展：1.27~1.8 米
社会单位：群居
保护状况：无危
分布范围：北美洲和欧洲

加拿大黑雁体形较大，颈长。头呈黑色，带白斑，与面颊形成鲜明对比。双翼大，呈深色，背呈棕色，胸部和腹部颜色浅，下腹部和臀部呈白色。雌鸟与雄鸟羽毛颜色相似，但雌鸟体形较小。

群居，迁徙时雁群呈“V”字形飞行。寿命可达 24 年。主要食草，包括地面上的草和谷物以及水中的沼泽植被。有时也吃昆虫和某些鱼类。栖居于各类环境中，从苔原、淡水湖泊到海洋河流和沿海湿地皆有。严格地实行一夫一妻制。出生 2 年后，寻觅终生配偶。繁殖季节，雌鸟产 3~8 枚卵。孵化期为 24~28 天，雌雄鸟共同孵卵，虽然雌鸟孵卵时间更长。出生 40 天后，雏鸟开始飞行。雄鸟会非常积极地捍卫自己的领地，但也会伸长脖子趴在地上，免被其他生物发现。春季完成迁徙之后，幼鸟回到出生地，然后离开鸟群。

Branta bernicla

黑雁

体长：55~60 厘米
体重：1.2~2.25 千克
翼展：1.1~1.2 米
社会单位：可变
保护状况：无危
分布范围：北美洲、欧洲和亚洲

黑雁头部、颈部及胸部呈黑色。背部也呈深色，带白色线条；腹部呈白色和棕色，带斑纹，腹部下方和臀部呈白色。

黑雁是迁徙鸟，沿北极海岸迁徙。6 月初到达繁殖地，以集群或一对一对单独聚居。在水中进行交配，雌鸟通常部分或整个浸入水中。然后筑巢，每窝有 2~9 枚卵，由雌鸟独自孵化。雄鸟负责保卫家园。雏鸟出生后，整个家族都为其觅食并看护它们。9 月飞往越冬地，此时是群居的鼎盛时刻。以植被为食，但有时也吃鱼卵、蠕虫、田螺及其他无脊椎动物。

Cereopsis novaehollandiae

澳洲灰雁

体长：0.75~1 米
体重：3.1~6.8 千克
翼展：1.5~1.9 米
社会单位：群居
保护状况：无危
分布范围：澳大利亚南部

澳洲灰雁的色彩一致，背部有细小的黑斑。尾部和两翼羽毛发黑，腿呈粉红色，爪子呈黑色，喙端呈黑色，略微弯曲。

栖居于陆地，在含有草类植被的地方活动。非繁殖期以小集群聚居。在澳大利亚海岸周围的小岛上繁殖，并在此筑巢。

Alopochen aegyptiacus

埃及雁

体长：63~73 厘米
体重：1.5~2.25 千克
翼展：35~40 厘米
社会单位：群居
保护状况：无危
分布范围：非洲。欧洲和亚洲引入

　　埃及雁在其栖息地范围内，数量众多。大量栖居于湿地中，尤其喜欢在富含植被的开放性水体的边界地区觅食。主要是陆栖鸟，与其他雁形目不同的是，埃及雁常常活动于树上，甚至是人类建筑物上。擅长游水，飞行时较笨重。雌鸟和雄鸟发出的声音不同。

　　主要以种子、叶子、草、植物茎、藻类及其他水生植被为食。

　　雌鸟用芦苇、叶子和草在水域附近的地面上筑巢，形似土丘。雌雄鸟共同孵卵以及保卫家园。

头
呈灰色，带"雪斑"或"斑纹"。

眼睛
眼睛周围有褐色斑。

羽毛
两翼羽毛呈棕色，静止不动时，可见白色斑纹。

胸
略带肉桂色

Tadorna ferruginea

赤麻鸭

体长：58~70 厘米
体重：1.2~1.6 千克
翼展：1.1~1.35 米
社会单位：成对或群居
保护状况：无危
分布范围：欧洲、亚洲和非洲北部

　　赤麻鸭的羽毛色彩独特，整体颜色为橙棕色，头部颜色较浅，发白。

　　常在悬崖、山丘、树洞和裂缝中筑巢。每窝有 6~16 枚卵，孵化期为 30 天。赤麻鸭之间的呼叫非常强。栖居于亚洲的赤麻鸭属于迁徙鸟，而生活在其他地方的却没有迁徙习性。与其他鸭科不同的是，它们离开水也可生活很长一段时间。

Plectropterus gambensis

距翅雁

体长：0.75~1.15 米
体重：4~6.8 千克
翼展：1.5~2 米
社会单位：群居
保护状况：无危
分布范围：撒哈拉以南的非洲

　　距翅雁是非洲最大的水禽。整体呈黑色，面部为白色，两翼带白斑，胸和喙呈红色。

　　主要游牧觅食，以草种、谷物、果实和块根为食。中午在水边休息。迁徙路径取决于可用水量。冬季，白天休息，傍晚和夜晚出来觅食；雨季，进行繁殖活动。巢穴大，通常隐藏于水体附近。

Chloephaga melanoptera

黑翅草雁

体长：60 厘米
体重：2.7~3.6 千克
翼展：1.4~1.6 米
社会单位：成对或群居
保护状况：无危
分布范围：南美洲西部

　　黑翅草雁是一个独特的物种，栖居于海拔高度超过 3000 米的安第斯高地湖泊和南美洲小潟湖中。它们不让人类靠近，不与其他鹅、雁共享大陆的栖息地。

　　整体呈白色，两翼发黑，部分羽毛呈紫色。尾巴呈白色，尾尖呈黑色。雌鸟比雄鸟体形小。

　　大部分在陆地上活动，除了面对危险或雏鸟出生时之外，不常游水。11 月繁殖期开始，在此期间，领地占有欲强。在浅水区进行交配。在海岸附近的开放性草地筑巢，每窝有 6~10 枚卵。挖地筑巢，形似杯子，衬以羽毛等材料。雌鸟负责孵卵，孵化期为 30 天，雄鸟负责看守周围。雏鸟为早成鸟，出生后即被亲鸟带入水中。大约 3 个月后，就可长成成鸟。

独特的羽毛
颈背部和颈部羽毛长且呈丝状。

身形
身形强壮。颈部粗实。

腿
与喙一样，呈红色或粉红色。

Cairina moschata
疣鼻栖鸭

体长: 64~86 厘米
体重: 2.7~6.8 千克
翼展: 1.37~1.52 米
社会单位: 成对
保护状况: 无危
分布范围: 中美洲至阿根廷北部

　　疣鼻栖鸭大部分为家禽, 体形大小和颜色各异。家养的疣鼻栖鸭被称为"番鸭"。野生的疣鼻栖鸭背部羽毛呈黑色, 带绿色光泽, 两翼有明显的斑纹。喙呈黑色, 尾巴宽, 趾爪尖锐。雏鸟羽毛呈黄色, 尾巴和翅膀处有棕色斑点。它们在树上休息和睡觉, 叫声沉闷且厚重。通常栖居于雨林、森林和农耕区的河流、湖泊、河口和沼泽地区。饮食包括植物、小鱼、两栖动物、爬行动物、甲壳类动物及昆虫。具有攻击性, 雄鸟之间常因食物、领地和配偶而发生争斗。雌鸟会在位于树洞的窝中产下 8~16 枚卵, 孵化期约为 35 天。

　　雏鸟出生后几周内和亲鸟一起生活, 母鸟教其觅食, 父鸟在其觅食时保护它们。

独有的特征
头上有形似半圆状的肉阜, 眼周呈红色。

黑喙
带红斑或白斑。

Sarkidiornis melanotos
瘤鸭

体长: 56~76 厘米
体重: 1.2~2.6 千克
翼展: 2.73~3.48 米
社会单位: 群居
保护状况: 无危
分布范围: 中美洲、南美洲、亚洲和非洲

　　瘤鸭的喙基处有一黑色圆阜, 因此易于识别。背部呈黑色, 闪闪发光。腹部呈白色。在树上休息和睡觉。以集群聚居, 一群多达 40 只。栖居于被淹没的草原、富含植被的潟湖和河流三角洲中。也可在水稻地及淹没的森林区域发现其踪影。主要以草种、水生植被和谷物为食, 也吃昆虫幼虫和蝗虫。在雨季进行繁殖活动。巢穴蓬松, 由植物材料组成, 位于高达 12 米的树洞中。在水体附近筑巢。

闪闪发光的翅膀
呈绿蓝色调。

圆形阜
是雄性瘤鸭的典型特征, 交配期间尤其明显。

带斑纹的颈部
面部和颈部独特, 带白斑和黑斑。

Aix sponsa
林鸳鸯

体长: 47~54 厘米
体重: 660 克
翼展: 66~73 厘米
社会单位: 成对或群居
保护状况: 无危
分布范围: 北美洲和安的列斯群岛

　　雄性林鸳鸯羽毛色彩鲜艳, 明亮夺目, 头部呈绿色, 发黑, 且带白色线条。雌性林鸳鸯呈棕色, 眼周呈白色, 直至头部后方。大部分时间在陆地上活动, 寻找浆果、橡子、种子和昆虫为食。雌鸟在树洞产 7~15 枚卵, 孵化期约为 30 天。雏鸟出生后, 离开巢穴, 向有水的地方移动; 母鸟照料但不会帮助它们。

Amazonetta brasiliensis
巴西凫

体长：35~40 厘米
体重：600~800 克
翼展：52~66 厘米
社会单位：成对
保护状况：无危
分布范围：南美洲西北部及东部

　　巴西凫整体呈褐色，侧翼有黑斑，沿颈部以下有形似条带的深色冠状物。飞行时，臀部、两翼和尾巴呈黑色。腿呈红色。存在性别二态性情况，雌鸟体形比雄鸟小，喙发黑，眼眶上有斑，喉部呈白色，雄鸟的喙则呈红色。栖居于植被茂密的湿地，以昆虫和甲壳类动物为食。每窝有 6~14 枚卵，由雌鸟孵卵，孵化期为 25 天。

Nettapus auritus
厚嘴棉凫

体长：33 厘米
体重：260~285 克
社会单位：群居
保护状况：无危
分布范围：非洲

　　厚嘴棉凫栖居于沼泽、内陆三角洲、湖泊和浅水潟湖中。以睡莲种子等水生植物、昆虫和鱼类为食。雨季时进行繁殖。在树洞及其他临近水体的洞穴中筑巢。

Merganetta armata
湍鸭

体长：30~46 厘米
体重：315~440 克
翼展：58~69 厘米
社会单位：成对或群居
保护状况：无危
分布范围：南美洲安第斯一带

　　湍鸭栖居于南美洲安第斯一带（特别是南部）海拔高度达 4500 米且水流湍急的河流及小溪中。在湍急的水流中，逆流游水和下潜捕食鱼类和甲壳类动物。

　　雄鸟的头部呈白色，冠和眼周线呈黑色，背部发黑，有长长的白色线条。雌鸟为铅灰色，背部发黑，带黑色条纹，腹部呈红褐色。雏鸟羽毛呈黑色。它们沿河流筑巢。每窝有 3~4 枚卵，由雌鸟孵化，孵化期为 45 天。

宽且硬
在湍急的水流中逆流潜水时，尾巴起方向盘的作用。

Anas platyrhynchos
绿头鸭

体长：56~65 厘米
体重：0.9~1.2 千克
翼展：81~98 厘米
社会单位：群居
保护状况：无危
分布范围：北半球。澳大利亚引入

　　绿头鸭的翅膀看起来像镜子一样，呈蓝色，闪闪发光，叫声洪亮且嘈杂。栖息于各种类型的湿地。属于杂食动物，食用水生植物、陆生植物、甲壳类动物和两栖动物。每窝有 8~13 枚卵。雏鸟几乎一出生就会游水。

Anas clypeata
琵嘴鸭

体长：44~52 厘米
体重：0.47~1 千克
翼展：73~82 厘米
社会单位：成对
保护状况：无危
分布范围：美洲、欧洲、亚洲、非洲和大洋洲

　　琵嘴鸭的喙扁平，比头长。以昆虫、蛛形纲动物、节肢动物、软体动物、甲壳类动物、蠕虫和水生植物为食。游水时，通过过滤水觅食。产 9~11 枚卵，孵化期为 23~25 天。

Netta peposaca

粉嘴潜鸭

体长: 43 厘米
体重: 1~1.1 千克
翼展: 80 厘米
社会单位: 群居
保护状况: 无危
分布范围: 南美洲

　　粉嘴潜鸭的体形粗大，喜群居，且集群相对较大。雄鸟的头部、颈部和胸部羽毛呈黑色。尾巴也呈黑色，但部分羽毛呈白色。侧翼呈灰色。喙呈粉红色，面部有一块红阜。虹膜也呈红色。雌鸟呈褐色，眼周和喉咙颜色发白，喙发黑。雌雄翅膀上都有一白色斑块，飞行中展开羽毛时可见。栖居于富含水生植被的开放性潟湖、湖泊及沼泽地区。繁殖地位于阿根廷及智利中部和南部，栖居地位于巴塔哥尼亚。冬季，向北迁徙，到达玻利维亚、阿根廷北部、巴西南部、乌拉圭及巴拉圭。

独有特征
阜和虹膜呈红色。

五彩
耳郭区呈紫色。

Lophonetta specularioides

冠鸭

体长: 42~61 厘米
体重: 1~1.2 千克
翼展: 65~87 厘米
社会单位: 成对或家族群
保护状况: 无危
分布范围: 南美洲西部及南部

　　冠鸭的羽毛呈赭褐色，有斑纹，臀部及腹部颜色较浅。头颈部有较宽的羽冠，颜色比较暗。虹膜呈红色，尾端尖，叫声粗重，如犬吠声一般。栖居于安第斯巴塔哥尼亚水域及海岸。

Somateria mollissima

欧绒鸭

体长: 61 厘米
体重: 0.85~3 千克
翼展: 95 厘米
社会单位: 群居
保护状况: 无危
分布范围: 北半球（北极圈）

　　欧绒鸭具备明显的性别二态性特征。雌鸟呈棕色和灰色，雄鸟交配期间羽毛主要呈白色，面部呈黑色，耳郭区略呈绿黄色，尾巴呈黑色。喙，亚种不同，颜色不同，从绿色到黄色皆有。胸部呈肉桂色。冬季雄鸟羽毛带棕色调，喙呈黄色。属于迁徙鸟，但栖居于欧洲的某些欧绒鸭不具备迁徙习性。

　　4~6 月为繁殖季节，常常以集群聚居，达 3000 对。它们在远离海岸、植被覆盖较好的岛屿上筑巢。还在沿海潟湖、靠近大海的半咸水湖泊和河流以及苔原湿地筑巢。冬季，数千只欧绒鸭聚集在海岸上。主食为贝类，也吃甲壳类动物、海洋中的其他无脊椎动物和鱼类。

性别二态性
性别二态性特征极其明显，繁殖季节尤为显著。

繁殖
繁殖季节，正在孵卵或照料雏鸟的雌性欧绒鸭也以藻类、浆果、种子和苔原植被的叶子为食。

Melanitta fusca
斑脸海番鸭

体长：51~58 厘米
体重：1~1.3 千克
翼展：79~97 厘米
社会单位：群居
保护状况：无危
分布范围：北半球

雄鸟羽毛呈黑色，雌鸟羽毛呈茶褐色，两者翅膀上均有白斑，飞行时可见。喙呈黄色，喙基呈黑色，眼睛下方有白斑。幼鸟羽毛呈浅褐色，面部有白斑。具备迁徙习性。

Mergus serrator
红胸秋沙鸭

体长：52~58 厘米
体重：0.9~1.1 千克
翼展：67~82 厘米
社会单位：群居
保护状况：无危
分布范围：北半球（北美洲和欧亚大陆）

雄鸟羽毛是彩色的，头部呈闪光的深绿色，颈背部有两道羽冠。雌鸟呈褐色。侧翼呈灰色；尾巴颜色发黑。冬季向温带地区迁徙，虽然许多时候仅仅是向附近海岸进行短距离迁徙。4~6 月为繁殖季节。2 月初，开始迁至越冬地区。

白环
白色环带将头部和颜色微红的胸部分开。

翅膀
翅膀上有 3 条白色带和 2 条黑色线，占了大部分翅膀面积。

Oxyura jamaicensis
棕硬尾鸭

体长：35~43 厘米
体重：310~795 克
翼展：53~64 厘米
社会单位：群居
保护状况：无危
分布范围：美洲。欧洲引入

繁殖时期，雄鸟面部和耳部呈白色，眼睛和冠呈黑色。身体颜色统一，呈红褐色。尾巴颜色发黑，呈扇形，大部分时间都呈直立保护状态。

雌鸟羽毛呈褐色，喙颜色发黑，

面部眼睛下方有一条颜色发白的线条穿过。身体略带横斑。冬季，雄鸟的羽毛由红褐色变为棕色，但面部颜色仍然发白，喙呈深色。在植被茂密区域筑巢，如淡水沼泽、湖泊及潟湖。冬季进行迁徙，可见于大型浅水海湾和盐沼湖。主要以水生植被为食，也吃软体动物、甲壳类动物和小鱼。繁殖季节食昆虫幼虫。

求偶
雄鸟跳舞，竖起尾巴和颈部，以吸引雌鸟。

繁殖期的区别
繁殖期间，喙的颜色引人注目，呈明亮的天蓝色。

Mergus merganser
普通秋沙鸭

体长：58~72 厘米
体重：0.9~2.1 千克
翼展：78~97 厘米
社会单位：群居
保护状况：无危
分布范围：北半球

与红胸秋沙鸭相似，区别之处在于体形，普通秋沙鸭的胸部羽毛呈白色，冠和颈背处有少量直立的羽毛。通常与其他鸟类混合成群。栖居于咸水区域和陆地淡水区域。在湖泊及河流附近森林的树洞中筑巢，常常利用啄木鸟遗弃的树洞。若无树洞，则在悬崖、岩礁处筑巢。3~5 月为繁殖季节。一对一对单独居住或成小群聚集在一起。雌鸟保护雏鸟，但不负责喂食，雏鸟须自行觅食。10~12 月向越冬地迁徙。

昼猛禽

擅长捕猎，体形各异，但拥有共同特征：身体粗壮、结实，喙硬实，腿强壮，视觉敏锐。许多昼猛禽均为生态系统顶端的捕食者。有一些还是地球上最敏捷的生物，如猎鹰及某些鹰。

一般特征

隼形目，包括鹰、鹫、雕和隼，特点是喙弯曲，腿强壮。白天捕猎，视觉极其发达。眼睛较大，视网膜中视觉细胞（视锥细胞）密度大。隼形目形态多样，包括大型的鸟，如安第斯神鹫，重达12千克，翼展长；以及小型隼，重量不超过50克。

门：	脊索动物门
纲：	鸟纲
目：	隼形目
科：	3
种：	304

敏锐的视觉

王鹭（*Buteo regalis*），与其他鹰科鸟一样，拥有敏锐的视觉，有助于捕猎。

什么是昼猛禽

严格地说，任何一种捕食另一种生物的鸟均可被视为猛禽。若猛禽定义如此广泛，则将包括小型的食虫鸟、大部分陆栖鸟和几乎所有的海洋鸟。因此，需要对猛禽进行更确切的定义。

基本来说，真正的猛禽是指那些拥有用于捕捉猎物的锋利爪子（某些情况下，可以直接杀死猎物）以及用以肢解猎物的弯的喙的禽类。该定义涵盖了主要在白天活动的隼形目鸟以及在夜晚追捕猎物的鸮形目鸟（鸮和猫头鹰）。虽然乍一看隼形目和鸮形目鸟拥有一些相同的形态特征，但是分类学家认为它们并非亲缘鸟，其相似之处是进化趋同的典型例子。现今，昼猛禽被称为"猛禽"，便于将其与夜猛禽区别。

分类

类似猛禽的第一批化石发现于距今7500万年的英格兰始新世沉积中。针对这些猛禽化石的分类，常常引起争议。但是现今大部分科学家认为隼形目包括5个科：美洲鹫科（秃鹰及秃鹫）、鹗科（鱼鹰）、鹰科（老鹰、鹭、雕、鹞）、蛇鹫科（秘书鸟）和隼科（隼和长腿兀鹰）。虽然秃鹰和秃鹫仍被视为猛禽，但根据DNA研究表明，它们与鹳科（鹳形目）具备亲缘关系。

物理特征

与其他鸟相比，猛禽的区别在于拥有巨大的力量。它们那相对小巧轻便的身体背后隐藏着令人惊讶的毁灭性力量。从重量角度而言，它们是现今最强大的鸟。猛禽的生活方式（猎物类型、捕猎方法、栖息地）已经大大改变了其身体结构，尤其是体形大小及头、喙、尾巴、翅膀、腿及爪子的形态和大小。大型猛禽，如非洲冕雕、哈比鹰和白肩雕，可以瞬间杀死重达10千克的哺乳动物，并用巨大的喙将其肢解。

猛禽（以禽类为食），趾长而发达，足底有隆起部分，增加了与猎物的接触面积，有助于飞速抓住猎物。它们的喙短，如真隼（隼科）有"齿突"，其结构有助于拆解猎物的颈椎。其他以啮齿动物、两栖动物或昆虫为食的猛禽，可轻易地捕捉猎物，且不会消耗太多能量，因此其喙和爪子相对较弱且技能低。进化过程中，昼猛禽翅膀和尾巴的形状取决于其所栖居的环境类型。栖居于雨林和森林的猛禽，其翅膀宽且短，尾巴长，可轻松地活动于植被之中。相反，栖居于开放环境中的猛禽，翅膀通常窄而长，尾巴短。毫无疑问，游隼（*Falco peregrinus*）就是后一种生物的典型例子。擅长俯冲飞行猎食，其形态特征使得它们的飞行速度可达 300 千米／小时，以捉捕鸽子及其他拍击飞行的禽类。众多猛禽中，也可能发现捕捉大型螺的专家，如蜗鸢（*Rostrhamus sociabilis*）；鱼鹰，爪子特别，便于捉住滑滑的鱼；面部羽毛呈盘聚状的鹰（羽毛向耳朵孔聚拢），有助于在高高的草丛中发现啮齿动物的踪影。有些猛禽专门捕食黄蜂或蝙蝠，其他一些猛禽则是伺机捕食，食物种类极其丰富。捕食技能较差的猛禽，如旧大陆秃鹰和秃鹫类，几乎只以腐肉为食；美洲鹫科已失去了用爪子捕食的能力，头部无羽毛覆盖，但幸运的是其嗅觉灵敏，有助于其发现隐藏的尸体。

繁殖

猛禽主要实行一夫一妻制。繁殖周期中，几乎所有的猛禽物种雌鸟和雄鸟之间都存在显著的差异。一旦结成配偶，就选定筑巢地（须强调的是，美洲鹫科和大部分隼形目无筑巢习惯），孵卵期间及雏鸟出生后待在巢内的部分时期中，雄鸟负责向雌鸟提供食物。雏鸟可自行觅食时，雌鸟将协助其捕食。根据物种的体形大小，每窝有 1~6 枚卵，孵化期为 28~60 天。雏鸟会在巢内停留 1~7 个月不等。幼鸟离巢之后会依赖父母一段时间，对一些隼而言，最短为 15 天；对某些丛林鹰而言，则会超过 1 年。大部分雌鸟体形大小与雄鸟不同，这与其性别所扮演的角色有关。

寻找腐肉
非洲白背兀鹫（*Gyps africanus*）可以跟随有蹄动物的迁徙等待尸体。

分布及迁徙

隼形目鸟分布于各个大陆（南极洲和某些大洋岛屿除外）以及多样性丰富的环境中，大部分属于迁徙鸟。至少有 60% 的昼猛禽会进行某种季节性迁移活动，此外，有 20 种隼形目鸟会进行真正意义上的迁徙。

红尾鹰
又名红尾鵟（*Buteo jamaicensis*），秋季从繁殖地进行迁徙。在北美洲分布广泛。

感官

隼形目鸟视觉极其敏锐。这种发达的感官，对捕猎起着至关重要的作用，如白头鹰和猎隼，它们可以发现 10 千米远的鸨鸟。虽然其听觉不如哺乳动物，但也具备良好的听觉。其他感官欠发达。

视觉

眼睛由坚固的眉骨和透明膜或第三眼睑保护，避免眼球在攻击猎物时有任何损害。视网膜有两个中央凹，使得眼睛具备高感光度。眼睛相对较大，具有高感光度，使其可精准地发现远处的猎物。

巩膜覆盖

脉络膜覆盖

光感肌肉

中央凹

梳膜

角膜

巩膜环

视网膜

瞳孔

虹膜

视线范围
眼睛位置决定视线范围。人的眼睛位于头的正面，而大部分猛禽的眼睛位于侧面，因此视线范围更广。

左侧视野

双目场

右侧视野

人
双目视线。眼睛总是在同一区域移动。它们不能独立运作。

左侧视野

双目场

右侧视野

鹰
视线角度超过300度。每只眼睛都可望向不同区域（单目视线），只在望向前方时聚集在一起（双目视线）。

凭借视觉猎食

鱼鹰凭借其敏锐的视觉，可从空中发现鱼类。

致命的毒药

带毒的肉会对加州秃鹰造成威胁，摄入有毒的肉时，它们觉察不到那致命的味道。

触觉

许多昼猛禽全身触觉都很发达，尤其是喙和脚部区域，如白头海雕（*Haliaeetus leucocephalus*）。某些隼形目鸟舌头触觉也很灵敏。

嗅觉和味觉

虽然鼻腔较大，但嗅觉并不灵敏。比如白头海雕，就无法发现被白雪覆盖的腐肉。但是也有例外，某些秃鹫拥有较好的嗅觉。通常它们的味觉并不发达，大部分猛禽的舌头只有很少的味蕾。

穿孔的喙

鼻孔较深。大脑嗅叶比其他鸟大。

黑美洲鹫和雕

凭借其灵敏的嗅觉发现腐肉。

3 平方千米

白头海雕飞到300米的高空时，可探测到猎物的范围。

白尾鹞

与其他隼类不同的是，白尾鹞凭借听觉发现猎物。

耳腔

几乎与眼圈一般大小。在耳朵周围呈螺旋状分布。

耳朵

耳朵虽然比哺乳动物简单，缺少外耳，某些鸟的耳朵处还覆盖有坚硬的羽毛，但昼猛禽听觉良好。许多昼猛禽耳朵处覆盖有一层薄薄的羽毛，这并不干扰声波的传递。与人一样，内耳道影响平衡。

凭借听觉猎食

隼形目中，鹞的听觉最发达。

秃鹰、秃鹫及其近亲

门：	脊索动物门
纲：	鸟纲
目：	隼形目
科：	美洲鹫科
种：	9

它们是新大陆秃鹫。不筑巢，秃鹰只产1枚卵，秃鹫产2枚卵。猛禽之中，其孵化期和照料雏鸟的时间最长。无鸣管，因此无法发出声音。它们是食腐动物，也吃卵和垂死的雏鸟，甚至是果实。头部、颈部无羽毛，皮肤裸露在阳光下，有助于保持卫生和健康。

Cathartes aura

红头美洲鹫

体长：62~76 厘米
体重：1~2 千克
翼展：1.7~1.83 米
社会单位：群居
保护状况：无危
分布范围：从加拿大南部至火地岛和马尔维纳斯群岛

红头美洲鹫分布最为广泛。通常与黑美洲鹫一同栖居于平原、沙漠、森林和雨林中。在中美洲地区，与其他猛禽一同进行迁徙。它们的嗅觉敏锐，较其他亲缘鸟发达，有助于其发现尸体。雌雄亲鸟共同抚育雏鸟。

头
头部颜色不同：幼鸟头部呈黑色，成鸟头部呈红色。

Coragyps atratus

黑美洲鹫

体长：56~74 厘米
体重：1.18~1.94 千克
翼展：1.37~1.5 米
社会单位：群居
保护状况：无危
分布范围：从北美洲东南部至巴塔哥尼亚中部

黑美洲鹫是群居鸟，栖居于森林和草原中。它们很大一部分的成功在于能够利用废弃物。它们会毫不迟疑地攻击活的猎物，如雏鸟或小型哺乳动物，会聚集在海滩上以捕捉小海龟。在沟壑、树木的凹洞甚至是建筑物的孔洞等各类地方产卵，一般为2枚。孵化期为35天，出生70天后，雏鸟离巢。

Sarcoramphus papa

王鹫

体长：71~81 厘米
体重：3~4.5 千克
翼展：1.8~1.98 米
社会单位：独居
保护状况：无危
分布范围：从墨西哥中部至阿根廷北部

王鹫中等大小，但体形肥胖，翅膀极宽，尾短而方。它们的羽毛颜色鲜艳，头部五颜六色，眼睛呈白色，这在美洲鹫科中是独一无二的。王鹫多栖居于热带雨林，有时也活动于林木丛生的平原、草原及海拔1000~1500米的牲畜牧场中。在所有新大陆秃鹫中，王鹫的头骨和喙最为强大，因此其他鹫会让王鹫先切尸体。它们一般只以皮和最硬的组织为食，若栖息地缺乏腐肉，则以毛瑞榈果为食。雌雄几乎没有异形，无论大小还是羽毛都非常相似。与其他鹫不同的是，王鹫不会进行迁徙。雌鸟只产1枚卵，孵化期为8周。

Vultur gryphus

安第斯神鹫

体长：1~1.22 米
体重：9.2~12 千克
翼展：3.2 米
社会单位：独居或群居
保护状况：近危
分布范围：安第斯山脉，从委内瑞拉至火地岛

眼睛
雄鸟眼睛呈褐色，雌鸟眼睛呈红色。

颈项
雌雄鸟皆有颈羽。幼鸟时，羽毛呈深色。

　　安第斯神鹫重量达 12 千克，翼展超过 3 米，是体形最大的猛禽。独自、成对或成大群（多达 60 只）飞行。借助热气流上升，可飞至 5000 米的高空，期间滑翔飞行和拍击飞行皆有。雄鸟体形大于雌鸟，喙及前额有一突出的隆起部分。雌鸟在岩壁上人迹罕至的壁架中产卵，仅产 1 枚。孵化期为两个月，雌雄鸟共同孵卵及照料雏鸟，雏鸟在巢中停留约 6 个月。雏鸟离巢后须再过 6 个月才可独立。幼鸟约 6 岁时性成熟，寿命往往可超过 50 年。

Gymnogyps californianus

加州兀鹫

体长：1.1~1.27 米
体重：9~11 千克
翼展：2.5~2.9 米
社会单位：群居
保护状况：极危
分布范围：北美洲西部中心

　　加州兀鹫是世界上最大的飞禽之一。与身体相比，头相对较小，其特点是羽毛颜色发红，色调会随它们心情的变化发生改变。

保护

栖息地变化以及化学物中毒，促使人们于1987 年开始开展保护最后22 只加州兀鹫的项目。如今其数量已达 280 只，其中150 只被加利福尼亚州和亚利桑那州重新引入。

Pandion haliaetus

鹗

体长：50~66 厘米
体重：1.12~2.05 千克
翼展：1.45~1.7 米
社会单位：独居或群居
保护状况：无危
分布范围：全球

　　与其他猛禽（如鹰）相似，其特征有助于其捕食鱼类。脚趾上有尖锐的短刺，爪子尖利，可以在 0.01 秒内闭合，一个外趾可向后反转，类似于攀禽，喙弯曲且坚实，拥有大量小肠，这些功能特征都有助于其捕鱼和消化。具备迁徙习性，一只鹗一生可奔跑近 10 万千米。它们会筑造较大的巢穴，并产下 3 枚卵。孵化期为 5 周。雏鸟出生 55 天后才能独立。

视线向前
眼睛位置靠前，有助于其准确地捕捉猎物。

Sagittarius serpentarius

蛇鹫

体长：1.12~1.5 米
体重：3.4~3.8 千克
翼展：1.5~2.1 米
社会单位：独居或小群居
保护状况：无危
分布范围：撒哈拉以南的非洲

　　蛇鹫的体形如鹰般大小，但腿极长，有头冠，尾部中央尾羽长。与其他猛禽不同，蛇鹫是隼形目中唯一被单独列为一科的代表。它们首选的栖息地是草原和灌木丛。虽然擅长飞行，但大部分时间在地面上行走觅食，与配偶或小家族群巡视领地。以爬行动物、小型哺乳动物、蜥蜴、昆虫、鸟卵和雏鸟为食。巢为直径达 3 米的宽阔平台。每窝有 2~3 枚卵，孵化期为 45 天。喂食方式和秃鹫及秃鹰一样，亲鸟从口中吐出食物喂给雏鸟。

鹰、雕及其近亲

门：	脊索动物门
纲：	鸟纲
目：	隼形目
科：	鹰科
种：	252

鹰科是隼形目中数量最多的一科。虽然所有的鹰科物种之间存在很大差异，但也具备一系列的相同特征。相同的痉挛性机制，用于闭合爪子和杀死猎物；雌鸟体形大于雄鸟；相同的换羽模式；视觉敏锐；在特定的位置孵化；有相似的盐分泌鼻腺体。

Hamirostra melanosternon

黑胸钩嘴鸢

体长：51~61 厘米
体重：1.2~1.4 千克
翼展：1.45 米
社会单位：独居或小群居
保护状况：无危
分布范围：澳大利亚

黑胸钩嘴鸢体形较大，外观与某些鹰相似。栖息于各类环境中，从森林到沙漠皆有。通常独居，偶尔也与其他鸟一同觅食和过夜。它们是一种强大的猛禽，身体结实，喙长，翅膀长，尾巴短。受饮食方式影响，其形态和飞行方式与蛇鹫相似。其食物包括爬行动物（如蜥蜴）、哺乳动物（如兔子）以及鸸鹋卵。有时它们在取食时会做出非常惊人的行为，比如它们可以叼住石头打破巨大的鸸鹋卵。有趣的是，某些黑胸钩嘴鸢还多次照料其他猛禽的雏鸟直至其长大。

Elanoides forficatus

燕尾鸢

体长：52~62 厘米
体重：500 克
翼展：1.3 米
社会单位：群居
保护状况：无危
分布范围：美国南部至阿根廷北部

燕尾鸢栖居于湿地、森林和热带稀树草原，翅膀长且尖，尾巴极长且分叉，这些特征都赋予了其卓越的飞行本领。正是因为拥有如此强的移动技巧，燕尾鸢才具备了飞行中捕猎的高超能力，如此它们才能捕捉昆虫、蜂窝或爬行动物，并在空中将其吞食，甚至可以将树上的鸟巢整个撕掉，然后吃掉雏鸟。它们是群居物种，拥有迁徙习性。雌雄亲鸟共同筑巢，然后孵卵。雌鸟在巢中产下 2~3 枚卵，孵化期为 28 天，雏鸟出生 36~42 天后即可离巢。

尾巴
燕尾鸢的气动结构对其卓越的飞行本领起着关键作用。

Rostrhamus sociabilis

蜗鸢

体长：39~48 厘米
体重：304~413 克
翼展：1.2 米
社会单位：群居
保护状况：无危
分布范围：美国东南部至阿根廷中部

蜗鸢主要以蜗牛为食。凭借高度弯曲的喙把小柱状的肌肉从蜗牛的外壳中分离出来。以较大集群栖居于湿地。雏鸟出生后，仅在巢内待短短的 23~28 天。这也反映出它们超强的捕食能力。

羽毛
整体呈黑色，与臀部的白色羽毛形成对比，眼睛、脸和腿呈深红色。

Haliaeetus leucocephalus
白头海雕

体长：70~90 厘米
体重：4~6.8 千克
翼展：3.1 米
社会单位：独居或群居
保护状况：无危
分布范围：美国阿拉斯加州至墨西哥北部

　　白头海雕主要以鲑鱼和鳟鱼为食。栖居于海洋海岸、河流和湖泊附近的针叶林中，并在此筑巢，巢穴长可达 6 米。捕食海鸟和大小不一的哺乳动物，甚至也吃腐肉。可在飞行中抢夺其他猛禽捕猎的鱼。

强大的喙
大而弯曲，侧面紧缩，这是白头海雕的典型特征。

带刺的趾
趾上的小刺有助于其捕鱼。

飞行中可以从 100 米的高空进行俯冲或在水面上飞行，以惊吓鸭子和海雀。出生 5 年后即可长成成鸟，拥有不同的羽毛，达到性成熟。雌鸟产卵可达 3 枚，孵化期为 5 周。雏鸟出生 70 天后离巢。

Gypaetus barbatus
胡兀鹫

体长：0.94~1.25 米
体重：4.5~7.1 千克
翼展：2.8 米
社会单位：独居
保护状况：无危
分布范围：欧洲、亚洲和非洲

　　和其他鹫类不同的是，其头部有羽毛，因此而得名胡兀鹫。栖居于山地中，可飞至海拔 7500 米高处。主要以骨髓为食，可从 60 米高处扑向岩石海岬，并将骨髓打碎，有时也扑向乌龟和鹈鹕卵。

Milvus migrans
黑鸢

体长：46~66 厘米
体重：0.757~1.6 千克
翼展：1.3~1.55 米
社会单位：群居
保护状况：无危
分布范围：欧亚大陆、非洲和澳大拉西亚

　　黑鸢栖居于城市及气候温暖的港口附近，并在此觅食。黑鸢自信且大胆，敢从人身上抢夺食物，也可捕捉飞行中的小鸟和昆虫。以集群筑巢，不太紧凑，一个群落最多有 30 个巢穴。

Gyps africanus
非洲白背兀鹫

体长：79~90 厘米
体重：5.05~7.71 千克
翼展：2.18~2.2 米
社会单位：群居
保护状况：近危
分布范围：撒哈拉以南的非洲

　　非洲白背兀鹫常见于非洲平原、草原及东部山区，是主要的食腐鸟。在其分布区域中，有一种名叫黑白兀鹫的竞争者，这种鹫偏好气候更干旱的沙漠地区。与其他兀鹫不同的是，非洲白背兀鹫喙短，上颚边缘尖锐，尾部仅有 12 支尾羽，而非 14 支。旱季初期在树上筑巢。每只雌鸟仅产 1 枚卵，孵化期约为 56 天。雌雄鸟共同给雏鸟喂食，雏鸟出生 4 个月后离巢。

无羽
阳光照射在面部裸露的皮肤上，能起到杀菌作用。

Terathopius ecaudatus
短尾雕

体长：55~70 厘米
体重：1.8~3 千克
翼展：1.68~1.9 米
社会单位：独居，有时小群居
保护状况：近危
分布范围：非洲中部及南部

短尾雕的喙呈黄色，喙端呈黑色。喙蜡膜、裸露的面部和腿呈大红色。雄鸟呈黑色，背部和尾巴呈栗色或米色。雌鸟与雄鸟相似，但其次级羽毛呈灰色，末端呈黑色。幼鸟羽毛通体为棕褐色。翅膀长，尾巴短。

栖居于开放环境中，如草原或草地。它们可以通过低空直线飞行来觅食，可捕食 55~200 平方千米内的猎物。食物包括哺乳动物、鸟类、爬行动物和腐肉。9 月至次年 5 月是繁殖季节。

外观
体形丰满，颈粗，头部相对较大。

饮食
与其他雕不同的是，短尾雕仅食用少量的蛇。

Spilornis cheela
蛇雕

体长：50~74 厘米
体重：0.6~1.8 千克
翼展：1.09~1.69 米
社会单位：独居或小群居
保护状况：无危
分布范围：亚洲东部和南部

蛇雕的整体呈棕褐色，带发白的斑点；头部呈黑色，冠部带斑点。翅膀和尾巴处有一道显眼的近顶生白色带，在飞行中易于识别。栖息于海拔高达 3000 米的各种环境中，如雨林、森林或山脉，但总是在树上栖息。常常独自或成群在高空中进行环状飞行。食物包括爬行动物、两栖动物和小型啮齿动物。

Circus aeruginosus
白头鹞

体长：43~54 厘米
体重：405~960 克
翼展：1.15~1.45 米
社会单位：群居
保护状况：无危
分布范围：欧洲、中东、亚洲中部及北部、非洲部分地区

白头鹞的头部呈栗色，带深褐色条纹；整体颜色呈棕褐色。主要栖居于富含芦苇和香蒲的湿地，以小型哺乳动物、鸟类、爬行动物、鱼类、昆虫和腐肉为食。可在多个时期内，与同一个配偶结成夫妻。在水生植被内，用沼泽植物构建平台筑成巢穴，每窝有 4~5 枚卵。

Melierax canorus
淡色歌鹰

体长：50~60 厘米
体重：0.5~1 千克
翼展：1.02~1.23 米
社会单位：独居或成对
保护状况：无危
分布范围：非洲南部

淡色歌鹰雌雄相似，背部呈浅灰蓝色；腹部呈白色，带细条纹，臀部呈白色。栖居于草原、丛林和沙漠地区。以蜥蜴和啮齿动物为食，也吃昆虫、鸟、小型哺乳动物和腐肉。在暴露的栖木上潜伏猎食。在 6 月至次年 3 月筑巢繁衍。用枝丫筑巢，每窝有 1~2 枚卵，孵化期约达 5 周。

Accipiter nisus
雀鹰

体长：28~40 厘米
体重：105~350 克
翼展：56~78 厘米
社会单位：独居或成对
保护状况：无危
分布范围：欧洲、亚洲和非洲部分地区

　　雀鹰是欧亚大陆最常见的猛禽之一。栖居于茂密的森林或灌木丛区以及相邻的开放区域。在欧洲，雀鹰是一种留鸟；但生活在古北区北部的雀鹰，冬季会向南迁徙。雄鸟呈灰褐色，腹部呈白色，带肉色细条纹。雌鸟与雄鸟相似，但眉细，颜色发白，面部带棕褐色条纹，颈背处有颜色发白的斑。主要以鸟为食，通常对在地上休息的小型鸟类发动突然袭击，有时也在植被中追逐鸟类并在飞行过程中将其捕获。

　　繁殖季节来临时，雌雄鸟都会进行飞行展示，包括高空飞行、环状飞行及静止的拍打飞行等。在树上或灌木丛中，用树枝构建小平台，用更细的枝丫、树皮和叶子覆盖，形成巢穴。雀鹰每窝有3~7 枚卵，孵化期约为34 天。出生后的数周内，由雌鸟照料雏鸟，雄鸟则负责觅食。

迁徙路线
迁徙季节，每天有1000 多只雀鹰进行迁徙。据估计，全球现有雀鹰数量超过百万。

Accipiter cooperii
鸡鹰

体长：37~47 厘米
体重：235~678 克
翼展：64~87 厘米
社会单位：独居或成对
保护状况：无危
分布范围：北美洲中部及南部

飞行中
翅膀看起来圆而短。

带条纹的尾巴
条纹宽度相同，呈灰色或棕褐色，深浅相间。

　　鸡鹰的背部呈蓝灰色，面部呈桂棕色，带深褐色条纹；腹部白色，带桂棕色条纹。雌鸟与雄鸟相似，但其背部呈棕褐色。头大而方，有助于与其他美洲鹰等进行区别。栖居于森林地区，但若森林非常茂密，则偏好森林边缘地带。

　　主要以鸟类和小型哺乳动物为食，有时也吃爬行动物、昆虫和鱼类。主要在栖木上伏击猎物。此外，也捕食飞行中的鸟和蝙蝠。在高树的主树干上用枝丫筑巢，每窝有4~5 枚卵，孵化期约为5 周。

Geranospiza caerulescens
鹤鹰

体长：38~54 厘米
体重：235~430 克
翼展：0.76~1.11 米
社会单位：独居或成对
保护状况：无危
分布范围：中美洲及南美洲

　　鹤鹰的羽毛呈灰色，或带有均匀的微黑细条纹，眼睛和腿呈橙红色。尾巴颜色发黑，带两条白色或桂色条带。通常栖居于水体附近的雨林、森林和草原中。在树上觅食，在孔隙和凤梨等的叶子之间仔细寻找食物。吃树洞中的雏鸟，如鹦鹉，鹤鹰用它们的长腿把食物掏出来。此外，它们也吃昆虫、蛇及其他树栖动物。用树枝、青苔和叶子筑巢，每窝有1~2 枚卵。

识别标记
与其他种类的区别之处在于，翅膀尖端有一条弯弯的白色条带。

Buteogallus urubitinga
大黑鸡鵟

体长：55~67 厘米
体重：0.85~1.56 千克
翼展：1.13~1.36 米
社会单位：独居或成对
保护状况：无危
分布范围：中美洲及南美洲

大黑鸡鵟的整体呈黑色，喙和腿呈黄色，尾基和尾端处呈白色。尾下部分也为白色，这便是大黑鸡鵟的不同之处。幼鸟背部呈深棕褐色，边缘呈红褐色和白色。通常栖居于海拔高至 1900 米的水体附近的雨林和森林草原中。此外，也活动于松树及其他树木的种植园中。

食物包括蛇、蜥蜴、小型哺乳动物、鱼类、大型昆虫、腐肉以及果实。

它们通常在高处休息，并长时间处于静止保护状态。进行长时间的拍打飞行，并发出重复的"哗哗"声；下降到一半后，还会长鸣。在繁殖季节，单独或成对进行环状飞行。用树枝筑巢，每窝有 1~2 枚卵，孵化期约为 40 天。

为食而战
通常与具有相同生活习性的其他物种（如秃鹰）争夺腐肉。

外观
大且壮，特别之处在于其尾基和尾端呈白色。

Geranoaetus melanoleucus
鵟雕

体长：60~76 厘米
体重：1.7~3.2 千克
翼展：1.49~1.84 米
社会单位：独居或成对
保护状况：无危
分布范围：南美洲

鵟雕的背部呈深灰色，肩部颜色较浅，带黑色细条纹。喉部和胸上部也呈灰色，有白斑。尾巴呈灰褐色，带细条纹。主要栖居于海拔高至 4500 米的山区、林地、森林草原和丛林中。常常在裸露的岩石、树木或电线杆上休息，并借助热流飞向高空，呈环状飞行。

主要以中型哺乳动物为食，如野兔，也吃蛇、鸟和腐肉。

在悬崖或树木高处用大树枝建造一个大平台为巢，每窝产 2~3 枚卵，孵化期约为 1 个月。

独特的轮廓
翅膀宽，尾巴短，这些特征使鵟雕在飞行中很容易被辨别。

胸部图案
呈盾形，因此该物种又名盾雕。

钩状喙
是本目鸟的典型特征，喙基周围呈黄色，喙端发灰。用喙杀死猎物并将其撕裂。

Buteo buteo

普通鵟

体长：40~52 厘米
体重：0.42~1.36 千克
翼展：1.09~1.36 米
社会单位：独居或成对
保护状况：无危
分布范围：欧洲、亚洲和非洲部分地区

普通鵟是欧洲分布最广且最常见的猛禽之一，其羽毛颜色与其余众多猛禽不同。体形大小中等，壮实。雄鸟的典型特征是羽毛呈深褐色。尾巴呈灰棕褐色，带条纹，端部条纹较宽；喉部发白，带棕褐色条纹；胸部呈深棕色；腹部颜色发白，带棕褐色条纹。

栖居于树林、草地和种植区以及海拔高达 2500 米的石漠化海岸区。常常进行高空环状飞行；求偶期间，雌雄鸟会在空中进行飞行展示。用棍棒和绿色植被构建平台，形成巢穴，上面覆有绿色植物材料，并在来年继续使用。每窝有 2~4 枚卵，孵化期约为 5 周。

它们以小型哺乳动物为食，如啮齿动物以及鸟、爬行动物和蛇。

Parabuteo unicinctus

栗翅鹰

体长：45~59 厘米
体重：0.55~1.2 千克
翼展：0.92~1.21 米
社会单位：独居或群居
保护状况：无危
分布范围：北美洲南部、中美洲及南美洲部分地区

栗翅鹰通常栖居于海拔高至 1900 米处的水体附近的开阔林地中。以中型哺乳动物，如野兔、兔子和豚鼠为食，也吃鸟类、爬行动物和腐肉。主要靠低空飞行觅食，虽然有时也从栖木上伏击猎物，或以小集群猎食。繁殖季节，常常独自、结对或成小群在高空呈环状飞行。在高度各异的树木或灌木上筑巢，巢穴不稳定。每窝有 2~3 枚卵，孵化期约为 5 周。

感官
与大部分鹰相同，视觉和听觉十分敏锐。

整体色彩
发黑，肩部和大腿呈红褐色，尾基和尾尖呈白色。

Pithecophaga jefferyi

食猿雕

体长：0.9~1 米
体重：4.7~8 千克
翼展：1.84~2.02 米
社会单位：独居或成对
保护状况：极危
分布范围：菲律宾

食猿雕的体形大，背部呈褐色，腹部部分羽毛呈乳白色。喙大且高；冠直立，带棕褐色条纹；颈背也呈棕褐色。腿短，脚上有大爪子。翅膀相对较短且圆。栖居于海拔为 150~1800 米高的龙脑香科丛林中。

主要以大小各异的哺乳动物为食，包括鸟、蝙蝠和鼯鼠。伏击猎物或以合作的方式捕猎猴子。

实行一夫一妻制，终身只有一个配偶。在大树的主干上，用棍棒搭建平台（高达 1.5 米），并衬以绿叶。每窝有 1~2 枚卵，孵化期为 2 个月。雏鸟出生 15 周后长满羽毛。一个完整的繁殖期长约 2 年。

保护
森林破坏是食猿雕长期面临的主要威胁。设陷阱捕杀或非法猎杀是其数量减少的重要原因。

Aquila pomarina

小乌雕

体长：55~67 厘米
体重：1~2.2 千克
翼展：1.46~1.68 米
社会单位：独居或成对
保护状况：无危
分布范围：欧洲、亚洲东南部和非洲热带地区

小乌雕的体形中等，整体呈棕褐色，翅膀颜色发黑，覆羽带白斑。雌鸟和雏鸟羽毛呈较深的褐色，颈背处有肉红色斑。栖居于开阔的落叶和针叶林中。主要以小型啮齿动物为食，也吃两栖动物、爬行动物、小鸟和昆虫。栖居于欧洲的小乌雕冬季时向非洲南部迁徙，而生活在印度和马来西亚地区的小乌雕却没有迁徙习性。

Hieraaetus spilogaster

非洲隼雕

体长：55~62 厘米
体重：1.15~1.75 千克
翼展：1.13~1.38 米
社会单位：独居或成对
保护状况：无危
分布范围：非洲

非洲隼雕的背部呈黑色，有白色斑点；腹部呈白色，带黑斑。腹侧翅膀和尾巴呈白色，带黑色条带。雌鸟背部呈深棕褐色，腹部呈肉棕色，只胸部表面有条纹。

较短的翅膀和尾巴可依据该特点区分同种类鹰。

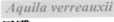

栖居于开阔树林中，也可在海拔为 3000 米高的种植地和林场中发现其踪影。

主要以鸟和哺乳动物为食，有时也吃蜥蜴、蛇和腐肉。在栖木上伏击猎物。

在树干分叉或侧面枝丫末端处筑巢，巢穴直径可达 1 米，深度达 70 厘米。每窝有 1~3 枚卵，孵化期约为 6 周。

Aquila rapax

茶色雕

体长：60~72 厘米
体重：1.7~2.5 千克
翼展：1.59~1.83 米
社会单位：独居、成对或小集群
保护状况：无危
分布范围：亚洲南部、非洲部分地区

茶色雕的整体呈棕褐色，颜色深、浅或发红皆可能，取决于品种。腿上长满羽毛。

栖息于海拔高至 3000 米的开阔潮湿或干燥的森林中，但更多时候栖居于地势较低的地方。主要以哺乳动物、爬行动物和鸟为食，也吃昆虫和腐肉。主要在地面上觅食，在栖木上伏击猎物。会盗取其他猛禽的食物，甚至是追赶它们直至它们松开食物为止。在树的高处，用树枝搭建平台，并衬以草、叶子和羽毛。每窝有 1~3 枚卵。

Aquila verreauxii

黑雕

体长：78~90 厘米
体重：3~5.8 千克
翼展：1.81~2.19 米
社会单位：独居或成对
保护状况：无危
分布范围：非洲部分地区

黑雕全身羽毛呈黑色，唯一例外的是背部有白色"V"形区。飞行时，可以看到黑色翅膀末端处有两扇白色的"窗户"。可进行深度拍击飞行，或放平翅膀或稍微抬起翅膀进行滑翔。栖居于海拔高至 5000 米的山区及悬崖处。以蹄兔为食，另外还吃少量的哺乳动物、鸟和爬行动物等。在岩石突起区域或小洞穴中筑巢。

Polemaetus bellicosus

猛雕

体长：78~96 厘米
体重：3.01~5.66 千克
翼展：1.88~2.27 米
社会单位：独居或成对
保护状况：近危
分布范围：非洲部分地区

　　猛雕背部呈灰棕褐色，头颈部和上胸部颜色较深。冠短。栖居于开放森林、林地草原和灌木草原中，海拔可高至 3000 米。食物包括哺乳动物、鸟、爬行动物及少量腐肉。通常在某些高树上待着等候猎物。也在飞行中觅食，或掠夺其他鸟类的食物。用小树枝搭建平台为巢，直径可达 2 米。每窝有 1~2 枚卵，孵化期约 50 天。

Aquila chrysaetos

金雕

体长：66~90 厘米
体重：2.8~6.7 千克
翼展：1.8~2.34 米
社会单位：独居或成对
保护状况：无危
分布范围：欧洲、亚洲、北美洲和非洲北部

独特标记
颈背部和颈部边缘有斑点，颜色从肉桂色到棕色皆有。

　　金雕的体形大，栖息地类型多样化，主要为山区和开放性环境，从北部的亚北极寒冷地区到南部热带地区皆可发现其踪影。整体呈深棕褐色，尾巴呈灰色。

　　主要以哺乳动物和中型鸟类为食，也吃爬行动物、两栖动物、鱼类、昆虫和腐肉。常常低空飞行觅食，用爪子捕捉猎物。有时也在飞行中撞击其他鸟类而将其捕获。

　　实行一夫一妻制。通常用枝丫筑巢，并用树叶和较细的枝丫覆盖；巢穴大，直径可达 2 米。每对金雕在同一领地上可有多个巢穴。雌鸟产 1~2 枚卵，孵化期约为 45 天。雌雄亲鸟共同给雏鸟喂食。雏鸟出生 10 周后开始飞行，但需生长 4~7 年，方可完全成熟，并长出成鸟羽毛。

　　一部分金雕拥有迁徙习性，而其余的却长期定居于某地。

Harpia harpyja

角雕

体长：0.89~1.02 米
体重：4~9 千克
翼展：1.76~2.01 米
社会单位：独居或成对
保护状况：近危
分布范围：阿根廷北部至墨西哥南部

　　角雕的体形大，是世界上最强大的雕之一，翅膀大，且宽而圆。头部呈灰色，直立的冠为黑色，两端有尖；背部和胸部呈黑色。腿部无羽毛，很粗，后趾甲大，长达 7 厘米。主要以树栖哺乳动物为食，如树懒及其他猴子；此外，也吃陆栖哺乳动物，如狐狸、刺豚鼠及墨西哥鹿。伏击猎食或沿丛林树冠飞行觅食。也可在树木之间追踪猎物。每隔 2~3 年进行繁殖。雏鸟出生 5 个月后，开始长满羽毛，随后仍需在巢穴内待 8~10 个月。

冠
其独特之处在于有两个尖。

捕猎位置
在栖木上，等待并扑向猎物。

真隼及其近亲

门：脊索动物门
纲：鸟纲
目：隼形目
科：隼科
属：11
种：60

真隼、小隼、凤头巨隼及林隼组成了隼科。与其他用爪子杀死猎物的鹰科鸟不同的是，隼借助其强大的喙杀死猎物。隼的颈短，身体结实，胸椎骨融合，尾巴带骨头，并有两块孵化斑块。大部分隼胸肌很发达。

Caracara plancus
巨隼

体长：54~66 厘米
体重：1.25~1.6 千克
翼展：1.08~1.44 米
社会单位：独居
保护状况：无危
分布范围：南美洲东部、中部和南部

巨隼栖居于开阔地带和山区边缘。脸上部分区域无羽毛覆盖，颈长，喙强壮，边缘密实；从其腿和趾可以看出，巨隼属于机会主义鸟。它们食腐肉，常活动于路边，寻觅道路上的动物尸体为食。与真隼不同的是，巨隼在树上或灌木中筑巢。每只雌鸟产 2~4 枚红棕色的卵。孵化期为 1 个月。它们的脖子常常往后伸，以便发出声音，头顶和颈背处的羽毛形成一个独特的冠。

Micrastur gilvicollis
线纹林隼

体长：34~38 厘米
翼展：51~60 厘米
社会单位：独居
保护状况：无危
分布范围：南美洲西北部

线纹林隼仅栖居于亚马孙北部和西部的湿润森林中。翅膀短而宽，尾巴长且宽，有助于其在雨林中穿行。喙短而壮，但不是锯齿状。鼻孔呈圆形，中央部分有一个结节（与真隼一样）。通常凭借听觉来定位猎物。耳朵周围的羽毛有助于将声音传向大大的耳孔。

线纹林隼的跗骨长，有助于其在雨林地面上快速移动，并捕捉各类猎物，从大型昆虫到蜥蜴皆有。

Milvago chimango
叫隼

体长：37~43 厘米
体重：290~300 克
翼展：80~99 厘米
社会单位：独居或群居
保护状况：无危
分布范围：南美洲南部

无性别二态性
雌雄相似，颜色和体形大小都差不多。

叫隼栖居于植被不太高的海岸至平原区域以及海拔高至 1000 米的稀疏森林中。是机会主义鸟，以腐肉和小动物为食。喙脆弱。成对筑巢，每窝有 2~5 枚卵，孵化期为 1 个月。雏鸟出生 5 周后离巢。

Falco femoralis
黄腹隼

体长：35~45 厘米
体重：260~407 克
翼展：0.76~1.02 米
社会单位：独居
保护状况：无危
分布范围：美国南部至火地岛

黄腹隼的独特之处为尾巴长、翅膀宽。这些特征，再加上软软的羽毛，都有助于黄腹隼轻松地穿行于植被之间。它们栖居于森林、草原和草地相间的开放性区域，海拔可达 4000 米。不筑巢，使用叫隼的巢，以鸟为食。采用协同方式捕猎，雌鸟和雄鸟分工明确。

Polihierax semitorquatus
非洲侏隼

体长：18~21 厘米
体重：50~60 克
翼展：34~40 厘米
社会单位：群居
保护状况：无危
分布范围：非洲东南部和南部

非洲侏隼栖居于灌木丛和沙漠中。有两种不同的非洲侏隼，相互独立。一种分布于苏丹南部至坦桑尼亚北部，另一种分布于安哥拉南部至南非北部。无迁徙习性，翅膀短且尖，尾巴短而方，喙呈齿形。主要以昆虫为食，也吃蜥蜴和鸟。偏爱侵占群居织巢鸟和白头牛文鸟的巨型公共巢穴。虽然有时候非洲侏隼也会抢夺织布鸟的食物，但通常它们是持续时间最久的合作者，因为织布鸟会保护非洲侏隼，免遭其他捕食者的攻击。雌雄存在明显差别，雌鸟背部颜色发红。

齿形喙
这是非洲侏隼与其他隼科鸟的不同之处。

篡位者
与其他隼科鸟一样，其特点在于不筑巢，而是占用其他鸟的巢穴。

Falco columbarius
灰背隼

体长：24~32 厘米
体重：159~244 克
翼展：53~73 厘米
社会单位：独居
保护状况：无危
分布范围：北半球

灰背隼的体形较小，肥胖却敏捷。栖居于开放性区域、森林及山区中。使用乌鸦和喜鹊的巢穴。雌鸟产 3~5 枚卵，孵化期为 30 天。雏鸟出生 25~27 天后即可独立。灰背隼新陈代谢快，每天需要消耗 1/3 的身体重量。这迫使它们每天至少要捕捉两只鸟，在繁殖和抚育雏鸟期间，它们捕捉麻雀的数量可达 800 只。

Falco biarmicus
地中海隼

体长：39~48 厘米
体重：500~900 克
翼展：0.88~1.13 米
社会单位：独居
保护状况：无危
分布范围：欧洲、非洲和亚洲西部

在其分布区域中，地中海隼是最常见的隼科鸟。栖息于半沙漠和干旱草原及丘陵地带，栖息地降雨量低于 625 毫米。有 4 种地中海隼，羽毛各不相同。与其他名叫猎隼和印度猎隼的沙漠隼相似。不筑巢，占用乌鸦或其他鸟类的巢穴。

Falco rusticolus
矛隼

体长：50~63 厘米
体重：1.3~2.1 千克
翼展：1.05~1.31 米
社会单位：独居
保护状况：无危
分布范围：北极和亚北极

矛隼是体形最大且最雄壮的隼。主要以雪松鸡及小型哺乳动物为食。生活在海岸上的矛隼也吃海鸥和海雀。矛隼是唯一趾上有羽毛覆盖的隼，有助于其在恶劣环境下生存。每窝有 2~7 枚卵，孵化期为 35 天。

Falco peregrinus

游隼

体长：35~50 厘米
体重：0.5~1.5 千克
翼展：1.1 米
社会单位：成对
保护状况：无危
分布范围：全球，南极洲除外

母亲的任务
雌鸟撕碎猎物，喂给雏鸟。

　　游隼的典型特征为国际化和具备迁徙习性。每年可飞行 2.5 万千米。飞行区域地势较低，海拔高度不超过 900 米，并进行长时间的拍击飞行或滑翔。迁徙途中，平均速度为 49 千米／小时。途中，栖居于各种自然及城市生态系统中。

饮食

　　主要以鸟类为食，但也吃少量的小型哺乳动物。主要猎物为鸽子。

食物链

　　游隼数量不是很多，每种约有 200 对。属于二级、三级乃至于四级消耗者，处于食物链的顶端。

经过训练的隼
游隼经过一种特殊的捕猎训练来用于捕捉飞行中的猎物。

高效的捕猎者

　　游隼被视为最擅长空中攻击的捕猎者之一。典型特征为：超级敏锐的眼睛、带钩的喙以及又大又尖的爪子。此外，飞行速度快、方式多样且敏捷，这也是其典型特征。它们进化后的形态及其拥有的气动翅膀，有助于其减少空气的阻力，最大程度提高捕猎能力，因此它们被视为世界上最快的捕食者，超过猫科动物。

空中求爱

　　雄鸟会展示一系列特技，包括俯冲、环状或 "8" 字形飞行。若雌鸟加入其中，与其成对滑翔，假装相互攻击，却相互围绕旋转，并展示爪子，那么就代表雄鸟求偶成功了。"攻击"的顶峰时刻，雌雄鸟在空中相互交换猎物。通常雄鸟会嘴对嘴地将食物喂给雌鸟或把食物放到雌鸟的爪子中。

喙
呈钩状、短、粗且壮实。喙端和边缘尖利，有助于撕裂猎物的皮肤和肉。

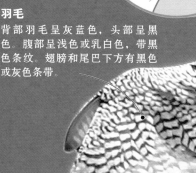

鼻孔

钩状喙

羽毛
背部羽毛呈灰蓝色，头部呈黑色。腹部呈浅色或乳白色，带黑色条纹。翅膀和尾巴下方有黑色或灰色条带。

翼尖
翅膀羽毛形成了一尖端，便于其捕食鸟类时快速飞行。

1600 米
其可识别猎物的距离。

翼展
游隼翼展不是最大的。翅膀带尖，使其可以骤然改变飞行方向追捕猎物。

安第斯神鹰
3 米

蛇鹫
2.2 米

游隼
1.1 米

侏儒鹰
0.4 米

初级羽毛
位于翅膀末端，嵌入指骨。长、结实且硬，对飞行起主要作用。

羽干
羽轴
羽枝

300 千米 / 小时
最大的俯冲速度

腿和爪子
飞行中的捕猎能力取决于腿的驰骋力量和爪子抓住猎物的能力。

尖利的端
弯曲的爪子

捕猎方法
游隼凭借敏锐的视觉可以发现远处飞着的小鸟。然后会持续地拍打飞行，直至达到一定的飞行速度，对猎物发起攻击。最快速度约为300千米/小时。双翼打开，开始自由下降，捕捉猎物。

顺风飞行
进攻的时候顺着风的方向，俯冲，并用爪子撞击猎物。被攻击的猎物茫然或无意识地下降时，则会被抓住。

逆风飞行
自由下降时，从下侧翼发出攻击，游隼穿过猎物的飞行轨迹，立即用爪子提住它。

筑巢
在远离捕食者的地面或悬崖洞穴筑巢，并在此产卵，卵带红斑。

森林和草原鸟

森林和草原是两种不同的环境，生活节奏也完全不同，它们拥有各种独特功能的物种。大部分为鸡及其近亲，包括那些对人类很有用的家禽。鹤是典型的草原鸟。令人惊奇的是，它们会和大量与其相关的鸟类一起迁徙。

一般特征

有很多物种可以在夏季炎热、冬季寒冷的恶劣草原环境中茁壮地成长。森林地区多样性更强，因此筑巢的条件更好，获取食物也更加方便，其中热带雨林中的物种最丰富。最具代表性的森林和草原鸟有两目：鸡形目（包括火鸡、鸡、雉和几内亚鸡）及鹤形目（最具代表性的有鹤及鸨鸟）。

| 门：脊索动物门 |
| 纲：鸟纲 |
| 目：2 |
| 科：16 |
| 种：502 |

身体特征

鸡形目包括 250 多个物种，适合陆地生活，其中有些在数千年以前就已经被驯化为家禽了。身体圆，翅膀短，头小，喙一般小且向下弯曲，喙端呈钩状，腿结实，趾甲坚硬，有助于其在石头下刨找昆虫。许多雄鸡腿后方有尖利的距，用于争斗。生活在草原上的鸡形目，如紫冠雉，腿和颈稍长。它们的消化道宽且灵活，食物完全消化之前，可留住食物。

大部分鸡形目体形小或中等，如蓝胸鹑，长 11 厘米，重 40 克；但是也有例外，家养火鸡重达 20 千克；雄孔雀，尾巴羽毛扇打开，长度超过 2 米。羽毛通常呈棕褐色或白色，有些鸡形目羽毛多彩。

鹤形目种类极多，包括鹤及鸨鸟、骨顶鸡等其他相关鸟。通常腿长，许多鹤形目都擅长奔跑，体形大小可变，小到 12 厘米长的黑南美田鸡，大到 176 厘米高的赤颈鹤（是最大的飞禽）。饮食习惯不同，喙的形状也不同。比如，秧鹤以水生无脊椎动物为食，喙长而直。通常羽毛呈褐色、灰色或黑色，带条纹。例外的是，有些鹤羽毛呈白色和黑色，头和颈部分羽毛呈红色。

运动

一般来说，鸡形目及鹤形目都更擅长行走，而不是飞行。但是这并不意味着必要情况下它们不能飞上天空。鸡形目鸟类的胸肌发达且腿强壮，所以在遇到危险时，拍打翅膀，几乎可以垂直"起飞"，以躲避危险。尼柯巴冢雉除外，

隐蔽性的羽毛
红胸角雉（*Tragopan satyra*）身体上特有的斑点便于其隐蔽在其栖息的森林环境中。

这是一个濒临灭绝的物种，栖居于亚洲东南部岛屿，面对危险的第一时间，它们倾向于选择奔跑。

在鹤及其他相关鸟（包括整个属的骨顶鸡和松鸡等）中，有些品种已经失去了飞行能力。一些物种擅长游水，如鳍脚鹬，将其叶状爪子当作桨来使用。红腿叫鹤，栖居于巴西、乌拉圭和阿根廷等国的草原和森林中，起飞前，奔跑速度可达 25 千米／小时。有些鹤形目鸟类还进行大范围的飞行。灰鹤会以 45~70 千米／小时的速度，飞越数千千米，以便到达更暖和的地区过冬。亚洲的一项研究表明，迁徙期间，鸟群每月可穿越 4000 千米，途中只停歇 3~8 次。

食物

种子、块茎、芽、坚果、昆虫、蠕虫和水生动物都是鸡形目及鹤形目优选的食物，季节不同，物种不同，以上食物的消耗比例也不同。

松鸡栖居于北半球针叶林和山区中。春季，则以蓝莓为食；夏季，食草、橡子和蚂蚁蛹；秋季，以鲜浆果为食；冬季，食树木的芽、针或刺。

觅食需要付出一定程度的努力。橙脚冢雉——一种大洋洲鸡形目鸟，与鸡一般大小，可用腿移动重量是其自身重量 8 倍多的石头，以寻找石头下方掉落的种子、果实和一些昆虫及蠕虫。石鸡——一种亚洲鸡形目鸟，以种子、谷类、鳞茎、芽、茎、叶子、蟋蟀、蚂蚁和毛虫为食，冬季则在雪下觅食。

鹤形目鸟栖居或常活动于湿地、湖泊、沼泽或溪流中，如鹤及鳍脚鹬，以鱼类、软体动物和甲壳类动物为食。鹭鹤，食肉鸟，栖居于新喀里多尼亚（大洋洲群岛）森林中，以蜥蜴、田螺和蠕虫为食。红腿叫鹤以昆虫、爬行动物和两栖动物为食。

繁殖

鸡形目中，那些体形大小和羽毛颜色不存在性别二态性情况的物种，通常实行一夫一妻制。反之，若雄性羽毛色彩更加绚烂，则通常实行一夫多妻制。鹤形目中，关系多种多样，许多鹤实行一夫一妻制，但雄性鸨鸟却常有几只雌性配偶。

一些松鸡、雉和鸨鸟会在河边或沙上展示其美丽的羽毛，以吸引雌性。鸡形目中的许多雄鸟，有冠、胡须、特殊的羽毛标记及其他为其增添吸引力的装饰物。通过食道中的特殊气囊，可发出奇怪且有力的声音，以便更好地求偶和占据领地。大部分鸡形目鸟在地上和由叶子、稻草和草覆盖的浅洞中产卵。凤冠雉、火鸡（鹤形目）在树上筑巢。大洋洲冢雉以土丘为巢，以确保所需的孵化温度。鹤在不太深的水面上筑巢。

通常情况下，鸡形目及鹤形目雏鸟一般会在发育初期打破卵壳，出生后几小时、数日或最多两个月，则开始独立求生。

站在地上
大部分鸡形目和鹤形目鸟更适于行走，而不是飞行；但是必要情况下，也可快速起飞。

凤凰的传说

古代传说中，凤凰羽毛呈黄色或炽烈的红色，它们每 500 年会到达埃及一次，牺牲自己，然后从灰烬中重新崛起。一些自然学家认为，源于中国的锦鸡与其相似，羽毛颜色呈赤红和金色。

锦鸡
红腹锦鸡栖居于森林和林地中，在地面上觅食，晚上上树休息。仅在遇到危险的情况下才会飞行。

鸡、火鸡和雉

门:	脊索动物门
纲:	鸟纲
目:	鸡形目
科:	5
种:	290

其中包含了大量被人类圈养的禽类，从鸡到雉类和鹑类。神秘的羽毛五颜六色，体形各异。它们的分布多样化，几乎遍布全球，甚至是北极圈的森林、湿地、沙漠、种植区以及其他环境。

Alectura lathami
丛冢雉

体长: 60~70 厘米
体重: 2.3 千克
社会单位: 群居
保护状况: 无危
分布范围: 澳大利亚

丛冢雉是最大的雉。羽毛独特，呈黑色，头呈红色，胡子及颈部嗉囊呈黄色。栖居于灌木丛、热带雨林、森林及城区周围。与其他雉一样，雄鸟刨土，垒成 1 米高，直径为 4~5 米的土丘，通过湿树叶和其他有机物腐烂产生的热量来孵化鸟卵。繁殖季节，雄鸟与一只或多只雌鸟交配之后，雄鸟允许雌鸟在其巢穴中生卵，然后用腐殖质将其覆盖。雏鸟出生时已长有羽毛，且可行走，几小时后就可以飞行了。亲鸟不会照料它们。

丛冢雉主要以种子、昆虫和掉落在地上的果实为食，尽管有时会在果实成熟后爬到树枝上吃果实。

巢
每个巢或土丘平均有20枚卵。孵化温度为33~35℃。

头
头呈红色，无羽毛。求偶期间，颜色更绚丽。

尾巴
侧面扁平。

身体
羽毛呈黑色，下方呈白色。

Pipile jacutinga
黑额鸣冠雉

体长: 63~75 厘米
体重: 1.1~1.4 千克
社会单位: 独居、成对和群居
保护状况: 濒危
分布范围: 阿根廷（米西奥内斯）、巴西和巴拉圭

黑额鸣冠雉的羽毛呈黑色，带蓝光，头小、颈细，翅膀带白斑，眼睛周围呈白色。冠呈白色，嗉囊呈红色。

通常独居，有时也成对或组成多达 10 只的群体活动。栖居于湿润雨林、河流及小溪周围，并在树木的高枝上筑造杯状的巢。雌鸟在巢穴中最多产 4 枚卵，孵化期为 28 天。主要以棕榈果及其他果实为食，也吃昆虫、软体动物、种子和芽。有些黑额鸣冠雉会根据棕榈果的成熟时间进行季节性迁徙。

人类猎食黑额鸣冠雉的肉和栖息地破坏对其生存造成了影响。比如，在巴拉圭以前有大量黑额鸣冠雉，但据估计，现仅有约 1000 只。

Penelope obscura
乌腿冠雉

体长：70~75 厘米
体重：1.2 千克
社会单位：独居、成对、群居
保护状况：无危
分布范围：阿根廷、玻利维亚、巴西、乌拉圭和巴拉圭

乌腿冠雉擅长行走，栖居于巴西南部、巴拉圭和阿根廷的森林地区，主要是河流沿岸的走廊上。食物包括种子、谷物、果实、野花、幼虫及昆虫。身体羽毛呈深棕褐色，泛绿光，喉咙皮肤呈红色；尾巴呈褐色，脸和腿呈灰色。实行一夫一妻制，雌雄鸟共同看护树上的巢穴，并照料雏鸟，直至它们长大。

Crax fasciolata
裸面凤冠雉

体长：85 厘米
体重：2.8 千克
社会单位：独居、成对、群居
保护状况：无危
分布范围：阿根廷、玻利维亚、巴西和巴拉圭

带斑纹的羽毛
雌性的独特特征，即背部、胸部和尾巴上的羽毛带斑纹。雄性背部呈蓝黑色。

冠
雌性冠呈白色和黑色，然而，雄性冠卷曲，呈黑色。

裸面凤冠雉类似于家养的火鸡，但是更瘦长。它们存在明显的性别二态性，雌鸟体形更小，腹部羽毛、腿和冠颜色与雄鸟不同。仅在遇到危险时，才在低空中沿水平方向飞行，持续时间短。

栖居于森林及雨林中。主要以草等植被、果实、谷类和花为食，也吃昆虫及幼虫。与其他雉一样，它们的存在有助于种子在森林中的扩散。

裸面凤冠雉在雨季时进行繁殖，在树上或灌木丛中筑巢，用树枝搭建平台，并用叶子、杂草茎覆盖。每窝有 2 枚卵。

Phasianus colchicus
雉鸡

体长：76 厘米
体重：1.2 千克
社会单位：独居、成对、群居
保护状况：无危
分布范围：原产于亚洲。北美洲、欧洲和大洋洲引入

雉鸡栖居于富含灌木的森林等自然环境以及谷物种植区。雄鸟的突出特征为长尾和更耀眼的羽毛色彩。一般实行一夫一妻制，但雄鸟也可与 8~10 只雌鸟结合。

在地面凹陷处筑巢，衬以草和羽毛。雌性产 8~15 枚卵，孵化期近 1 个月。雏鸟出生 80 天后即可自立。

主要以种子、谷类和果实为食，也吃昆虫、田螺和蛞蝓。仅在遇到危险时才飞行。据估计，全球现有 3 亿只雉鸡。

体形
雄鸟体形比雌鸟大，羽毛颜色更艳丽。

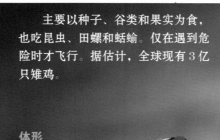

Meleagris gallopavo
火鸡

体长：1.2 米
体重：2.5~11 千克
社会单位：独居、群居
保护状况：无危
分布范围：原产于北美洲。澳大利亚和新西兰引入

火鸡栖居于空地附近的树林区域，也可见于草原和沼泽处。

食物多种多样，有干果、种子、果实、昆虫和蜥蜴。白天觅食，夜晚在树枝上休息。根据一年的不同时期，组成 6~20 只的集群。交配之后，雌鸟在丛林中筑巢，产下 4~17 枚卵。

Pavo cristatus

蓝孔雀

体长：1~2.2 米
体重：3~5 千克
翼展：1.4~1.6 米
社会单位：独居
保护状况：无危
分布范围：印度、斯里兰卡、巴基斯坦

　　蓝孔雀栖居于水源附近的森林和丛林中。性别二态性特征非常明显，雄鸟颈部和头部羽毛带明亮的蓝色调。此外，它们的尾巴长，羽毛呈彩色，每年繁殖季节都会更新一次；出生第三年时，拥有成熟的性特征。雌鸟体形比雄性小，羽毛呈褐色、灰色、绿色和白色。

　　白天很活跃，喜独居，但繁殖季节例外。繁殖季节期间，雄鸟会用枝叶在树下或灌木丛中筑巢，可与多达 6 只雌鸟结合。每只雌鸟会产 3~5 枚卵，孵化期为 28 天。

光和声音
孔雀羽毛的羽小枝上覆有角蛋白和黑色素，因此它们的羽毛色彩绚丽。晃动尾巴时，会发出嘶嘶声，以吸引雌性。

张望的眼睛
羽毛上颜色各异，有如眼状般的"假眼"。

求偶展示
首先，垂直竖起背部下方分散出来的羽毛；然后，舒展开来，呈扇状，以吸引雌性。

Chrysolophus pictus

红腹锦鸡

体长：0.64~1.10 米
体重：500~700 克
翼展：40 厘米
社会单位：独居或小群居
保护状况：无危
分布范围：中国

展示
求偶期间，雄性会将羽毛向头两侧直至颈部展开。

　　红腹锦鸡栖居于山地森林和竹林中。

　　雄鸟的羽毛比雌鸟更显眼。雄鸟冠上有软软的羽毛，呈黄色，从喙处到颈后部。侧面及背部部分羽毛呈青铜色，带黑色条纹，另一部分呈绿色。嗉囊和胸部呈深红色。尾巴长达 30 厘米，羽毛呈黑色，带肉色斑。

　　食物包括昆虫、谷类、浆果、种子和蔬菜。

　　交配之后，雌鸟在地上的巢穴中产下 6~16 枚卵，孵化期为 23 天。然后照料雏鸟约 4 个月，直至它们长大。

笨拙的飞行者
它们会飞，但很笨拙，因此通常在地上或树上活动。

Rheinardia ocellata

凤头眼斑雉

体长：0.75~1.1 米
体重：未知
社会单位：数据缺乏
保护状况：无危
分布范围：马来西亚、老挝、越南和亚洲东南部

　　凤头眼斑雉栖居于热带雨林，体形大。雄鸟突出之处在于尾巴长、羽毛为黑色及褐色，带白色调，而雌鸟羽毛呈褐色，带白斑。

　　求偶期间，雄鸟将头往后倾斜，发出独特的尖叫声，跳起来吸引雌鸟。在地面筑巢，雌鸟通常产 2 枚卵，孵化期为 25 天。

Gallus sonneratii

灰原鸡

体长：40~80 厘米
体重：700~800 克
社会单位：小群居
保护状况：无危
分布范围：印度

灰原鸡属于雉科，是家鸡的亲缘鸟。头部、颈部和嗉囊呈黑色，带灰色条带；脊背和翅膀带红棕色调。尾巴羽毛浓密，形似镰刀。雄鸟羽毛颜色比雌鸟明亮。雌鸟腿长且粗，呈黄色，无鸡距。早晨和晚上雄鸡发出响亮的啼叫声。雌鸟产 4~13 枚卵。

Gallus gallus

原鸡

体长：40~80 厘米
体重：2~4 千克
社会单位：群居
保护状况：无危
分布范围：印度、中国、马来西亚、菲律宾和印度尼西亚

繁殖阶段
春季和夏季，雌鸟每天产1枚卵。孵化期为21天。

原鸡适应各种各样的环境，如不同气候和海拔的森林，甚至人类居住区附近。与家鸡相似，公鸡鸡冠呈红色，头部、嗉囊和颈部羽毛为橙色。身体其余部分呈黑色、蓝色、绿色和白色，在阳光下泛特别的光泽。雌鸟体形比雄鸟小，色彩较单调，呈褐色，在巢穴中不易被发觉。食物包括谷类、昆虫、果实、竹子、蜘蛛、蛇和蜥蜴。喜群居，公鸡为领头者。

白天的歌声
公鸡发出声音，旨在吸引母鸡、发出警告以及占领领地。

Tragopan temminckii

红腹角雉

体长：0.75~1.1 米
体重：1~1.1 千克
社会单位：独居或成对
保护状况：近危
分布范围：印度和中国

求偶展示
雄鸟展开面部和颈部的蓝色羽毛及紫斑，并展示两个小"角"。

红腹角雉独自或成对栖居于山林中。雌鸟羽毛呈黑色、灰色及褐色，易与环境混淆。而雄鸟羽毛却更显眼，头呈黑色，两侧为深蓝色，身体其余部分呈红色。尾巴呈褐色。喙短。

食物包括种子、果实、昆虫、植被和浆果。用叶子和树枝在距地面几米高的树上筑巢。

求偶过程中，雄鸟会发出一系列类似尖叫的声音，一次比一次强烈。雌鸟会在窝中产 3~5 枚卵，孵化期约为 1 个月。雏鸟出生时，体形大，且发育良好；出生数日后，便可飞行。

雄性身体大部分呈红色，带有黑色轮廓的白色斑点。

Perdix perdix

灰山鹑

体长：25~30 厘米
体重：405 克
翼展：45~48 厘米
社会单位：群居
保护状况：无危
分布范围：欧洲

灰山鹑又被称为灰色鹧鸪。栖居于山区或高原地区的草原和灌木丛中。体形小而圆，嗉囊和胸部羽毛呈灰色，脸和颈部有褐色条带。雄鸟腹部有倒置的"V"形深色斑，雌鸟斑点面积较小或无斑点。以谷物、昆虫和植物为食。春季，雌性用草和枝丫筑巢，可产 10~16 枚卵，孵化期为 3 周。

Tympanuchus cupido

草原榛鸡

体长：40~44 厘米
体重：860 克
社会单位：群居
保护状况：易危
分布范围：美国

争斗
雄性会为了保卫领地而与竞争对手展开争斗。

草原榛鸡的体形中等，粗壮，翅膀和尾巴呈圆形，羽毛呈褐色和白色。雄鸟眼睛和颈部侧面有一块皮肤羽毛张开。颈部其余部分羽毛呈白色和奶油色。雌鸟体形比雄鸟小，颈部侧面羽毛更长，但没那么显眼。食物包括果实、种子、昆虫和植被。只要有足够的食物，则可忍受降雪。降雨、火灾及干旱是对其繁殖造成影响的主要因素。栖居于草原和森林中，随着种植面积的增加，有些也栖居于农作物区，虽然它们更偏好适合休息和繁殖的自然环境。人类捕杀草原榛鸡以及对其自然栖息地的破坏，威胁着它们的生存，造成其数量的急剧减少。

求偶及繁殖
雄鸟展示皮肤和颈部两侧的囊；竖起繁殖羽和尾巴，发出洪亮的声音。交配后，雌鸟筑巢，产下 12~14 枚卵。

Lagopus lagopus

柳雷鸟

体长：40~43 厘米
体重：450~600 克
社会单位：群居
保护状况：无危
分布范围：北美洲、欧洲和亚洲

性别二态性
雌鸟颜色较深，可以更好地隐藏在栖息环境中。

季节变化
冬季，羽毛几乎全为白色。腿部羽毛起御寒作用。

柳雷鸟栖居于植被茂密的寒冷和潮湿区域，如针叶林、苔原和杨柳丛生的灌木丛中。体形粗壮，腹部和翅膀羽毛呈白色，背部大部分呈褐色。眼睛上有红色标记，雌性羽毛颜色较深。用草、叶子和羽毛在树干、植被或岩石洞中筑巢。雌鸟产 7~12 枚卵，孵化期间，雄性负责照料和看守领地。雏鸟出生 3 周后离巢。雏鸟出生后短时间内即能独立觅食，初期主要摄入昆虫。成鸟以花、昆虫和桤木及柳芽为食。

Tetrao urogallus

松鸡

体长：0.7~1.1 米
体重：2~4.5 千克
社会单位：独居
保护状况：无危
分布范围：欧洲

松鸡栖居于针叶林和落叶林中。存在明显的性别二态性特征：雄鸟羽毛呈黑色，泛绿光，带白斑，眉毛上有红色标记，翅膀羽毛呈褐色；雌鸟体形较雄性小，羽毛呈棕色和白色，带斑点。雌雄双腿侧面均有鳞片，为其在湿滑的地面上行走时提供支撑，避免摔倒；且腿部有羽毛，可御寒。食物包括昆虫、蜘蛛、蜥蜴、果实和小蛇。

求偶期间，雄鸟会进行展示，早晨，它们站在一个点上，连续唱几小时的歌。通常会因领地问题而展开激烈的争斗。交配之后，雌鸟产 5~12 枚卵。

Alectoris rufa
红腿石鸡

体长：35~40 厘米
体重：450~525 克
翼展：50~60 厘米
社会单位：群居
保护状况：无危
分布范围：欧洲

　　雌鸟体形较雄鸟小。头部和嗉囊羽毛呈白色，从眼睛至颈部有黑色条带（较雄性大）。喙及眼睛周围呈红色。身体其余部分红棕色，侧翼呈白色。腿呈红色，雄鸟有鸡距。以无脊椎动物、种子、花及叶子为食。栖居于森林、山区和田地中。

　　可进行短时间快速拍击飞行，但飞行高度较低。在地面上奔跑速度快。以集群聚居，觅食时，由一只红腿石鸡监视周围环境。早晨、傍晚以及与队伍走散时，会发出特别的叫声。

黑色颈圈
从眼睛处生出一条带，并延伸至颈部周围。

在多个巢穴中繁殖
雄鸟在地面凹陷处筑巢。雌鸟产 10~20 枚卵，可在两个巢穴中孵化，雄鸟负责孵化其中一个巢穴内的卵。

Lophortyx californica
珠颈斑鹑

体长：23~27 厘米
体重：200~230 克
翼展：32~37 厘米
社会单位：群居
保护状况：无危
分布范围：北美洲西部、阿根廷及智利

　　珠颈斑鹑因其头上具备独特的冠羽而易识别，雌性冠羽较雄性小。雄性羽毛大部分呈灰色，腹部羽毛呈乳白色，带黑边，外观形似鱼鳞片。雌性体形较小，羽毛颜色较深。

　　主要以种子、叶子、谷物、浆果为食，也吃昆虫、毛虫和田螺。通常以集群聚居，但繁殖季节除外，在此期间成对聚居。雌性产 18 枚或更多的卵，有时两只雌性共用一个巢穴。雌性孵卵期间，雄性看守领地；若雌性不孵卵，则雄性会代以孵化并抚育雏鸟。它们在树上休息，时刻保持警惕，避免离开丛林或灌木而暴露在开放区域中。遇到危险时，快速奔跑或快速拍击飞行，速度几乎为 100 千米／小时。

Numida meleagris
普通珠鸡

体长：53~70 厘米
体重：1.3~1.5 千克
社会单位：群居
保护状况：无危
分布范围：非洲中部和东部

　　普通珠鸡的体形大，头小，栖居于温暖干燥、植被稀少的草原开阔地带。头部和大部分颈部无羽毛覆盖，有一块蓝白相间的粗糙表皮。冠部有突起，头部上方有直立的红色羽毛。颈部细长，有阜（雄鸟的肉阜较雌鸟大）。身体羽毛呈灰色，带白点。食物包括种子、植被、蝌蚪、蠕虫、田螺和大量昆虫，如蝇和蜱，因此它们对人类控制瘟疫方面起着积极作用。繁殖期初期，雄鸟试图向多只雌鸟求爱，但最终仍实行一夫一妻制（虽然一个配偶只持续一段时间）。在植被较高的地面凹陷处筑巢，用叶子将其隐藏。雌性产 6~20 枚深色卵，卵壳硬，孵化期为 28 天。

移动
具备轻便的飞行能力，但偏爱奔跑，每天奔跑里程高达5000 米。

巢穴
巢穴简单，深度在3~5 厘米之间，宽为20 厘米，用叶子、茎秆和羽毛填充。

鹤及其近亲

门：脊索动物门
纲：鸟纲
目：鹤形目
科：11
种：212

这是一个多系属，具备多种多样的形态特征。通常，其成员有和身体成比例的长腿，喙侧有裸露的皮肤斑块。鹤形目的分布遍布全球，其中包括鹤（鹤科）、秧鹤（秧鹤科）、喇叭声鹤（喇叭声鹤科）、叫鹤（叫鹤科）及鸨鸟（鸨科）。

Anthropoides virgo

蓑羽鹤

体长：0.85~1 米
体重：1.8~2.7 千克
翼展：1.55~1.8 米
社会单位：群居
保护状况：无危
分布范围：亚洲、欧洲和非洲北部

蓑羽鹤是鹤科中体形最小的一种。繁殖羽色泽均匀、离散，呈银灰色，有助于其混迹在植被中。拥有迁徙习性，可进行长途跋涉，期间不摄入食物也不在栖木上休息。冬季，栖居于非洲北部和印度；秋末，飞往亚洲中部和东部进行繁殖。栖居于各种各样的环境中，如草地、草原、热带稀树草原和半荒漠地区，但总是在河道附近。

实行一夫一妻制和配偶终身制。求爱过程中，发出异常的叫声，通过这种叫声与异性建立联系，并刺激雌性的卵巢发育。繁殖期在雨季。在干燥的开放区域筑巢，有时也用草和小石头围住巢穴。每窝有 2 枚卵。雌雄鹤轮流孵化。

雏鸟出生后，与亲鸟一同居住 8~10 个月，直至下一个繁殖季来临，然后开始独立。通常，生长 4~8 年后会拥有成熟的性特征，可活 20 多年。

独特的头
与其他鹤不同的是，蓑羽鹤头上长满羽毛。

短喙
便于在土壤中觅食。

羽毛
呈灰白色，头部至腹部呈深灰色。

体形
除了雄性体形较雌性大之外，不存在性别二态性。

繁殖行为
求爱行为包括跳跃、奔跑、短途飞行、捡起周围的物体进行投掷等。

Grus grus

灰鹤

体长：1.15 米
体重：4.5~6.1 千克
翼展：1.8~2 米
社会单位：群居
保护状况：无危
分布范围：欧洲、亚洲、北美洲和非洲北部

灰鹤是全球分布最广的鹤。大部分羽毛呈深灰色，飞羽呈黑色。每两年羽毛会全部更换一次。灰鹤头枕区无羽毛，皮肤裸露。

拥有迁徙习性，繁殖季结束后，成群地向气候更温暖的区域迁徙。实行一夫一妻制。每一对都占领大片领地，通常每年都使用同一个巢穴。相互之间通过类似喇叭声的声音来进行交流。

Grus leucogeranus

白鹤

体长：1.4 米
体重：4.9~8.6 千克
翼展：2.1~2.3 米
社会单位：群居
保护状况：极危
分布范围：西伯利亚、俄罗斯、中国和印度

白鹤的面部无羽毛，呈深红色。几乎全身羽毛都为白色，初级羽毛呈黑色，但仅在飞行过程中才可见。腿呈红色，虹膜呈黄色。

所有鹤之中，白鹤的迁徙路途最长，接近 6000 千米，穿过喜马拉雅山脉。繁殖季节，栖居于西伯利亚寒冷的浅水湿地及俄罗斯的其他区域；在中国或印度的多雪地区过冬。雌性产 2 枚卵，但只有 1 枚可以存活。用碎草筑巢，高度为 12~15 厘米。雌雄白鹤共同孵卵，孵化期约为 1 个月。叫声像笛声般悠扬。求偶过程中，雌雄白鹤会齐奏一曲。

保护

位于中国中部长江三峡水电站的运行，一定程度上影响了白鹤越冬的自然栖息环境。

细长的喙
面部无羽毛，使其可以取食水下的生物和地下的植物根茎。

Balearica regulorum

东非冕鹤

体长：1~1.1 米
体重：3.4 千克
翼展：1.8~2 米
社会单位：群居
保护状况：易危
分布范围：非洲中部及南部

东非冕鹤的头上有金色冠羽，面部呈黑色，两侧有白斑。尾羽呈巧克力棕色和黑色。腿呈黑色，有一逆趾，使其能在树上栖息。

栖居于湿地、开放性淹没草原、河流或沼泽中。食物丰富，包括草、浆果、种子、昆虫、两栖动物、鱼类和小蜥蜴。常与大型哺乳动物一起活动，以便捕捉沿途跳跃的昆虫。

实行一夫一妻制。求偶行为包括跳舞和声音展示。繁殖季节与雨季对应。偏好在湿地中较矮的树上筑巢。用植物纤维搭建一个直径为 50~90 厘米的圆形平台。雌性最多可产 4 枚浅蓝色的卵，孵化期约为 1 个月。雏鸟为早成鸟，出生 12 小时后即会在巢穴附近的水中游水及漂浮。

身体语言
进行独特的视觉展示，以吸引异性或威慑竞争对手。

羽毛
身体羽毛大部分为珍珠灰色，翅膀羽毛呈白色、金色、棕色和黑色。

喉部的褶皱
喉部有一簇红色胡须

Grus japonensis

丹顶鹤

体长：1.5 米
体重：7~12 千克
翼展：1.1 米
社会单位：群居
保护状况：濒危
分布范围：亚洲东部

雏鸟
雌鹤产2枚卵，孵化期为30天。

丹顶鹤栖居于湿地、沙漠、森林和大量岛屿中。寿命最长可超过 30 年，圈养的话，最多可活 50 年，因此在不同文化中，尤其是亚洲文化中，它们被视为好运及长寿的象征。

食物

食物多样，包括植物、鱼类、昆虫和沼泽地带、湿地中的爬行动物。

求偶和繁殖

求偶舞蹈加强了一夫一妻之间的联系。每一对都需共同筑巢和看护领地，面对捕食者的攻击，它们显示出极大的捍卫领地的决心。它们有这种凶猛的行为是因为地面的巢穴中有卵和脆弱的雏鸟。

单腿支撑
休息时，单腿撑在地面上，可以减少和地面的接触面积，减少身体热量的流失。

擅长舞蹈的鸟

丹顶鹤属于一种原始鸟，无嗉囊。腿、趾和颈都很长，因此适应各种混合环境，便于在不稳定的淹水土壤中行走、觅食。喙长，有助于搜索和发现鱼类、爬行动物和无脊椎动物。丹顶鹤跳求偶之舞时，声音洪亮，加强建立与终身配偶的联系。

声音
丹顶鹤可以发出各种声音，从潺潺声到尖叫声皆有。气管长且有褶皱，有软骨环，可使声音在鸣管中震动并且增强。

羽毛
身体羽毛呈白色且发亮；雄性颈部和翅膀呈黑色，雌性颈部和翅膀则呈灰色。颈部皮肤裸露，并呈红色，向同类表达愤怒时，冠会膨胀。

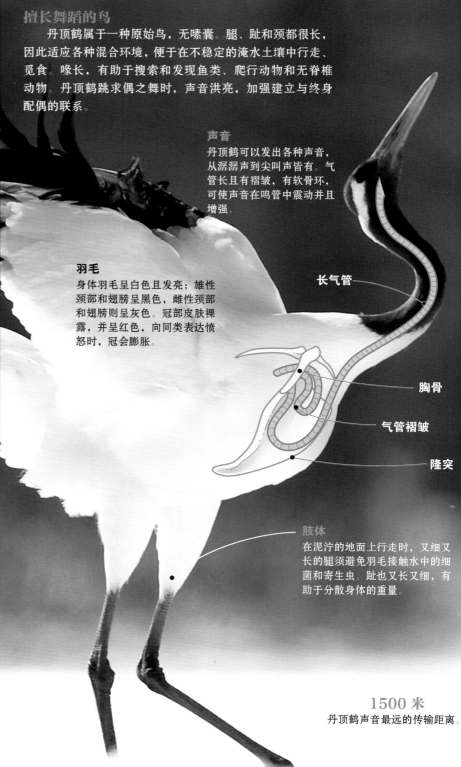

长气管

胸骨

气管褶皱

隆突

肢体
在泥泞的地面上行走时，又细又长的腿须避免羽毛接触水中的细菌和寄生虫。趾也又长又细，有助于分散身体的重量。

1500 米
丹顶鹤声音最远的传输距离。

喙

喙长，喙端尖利，有助于在泥土中觅食。形似钳子，便于摄入种子和小果实，且避免脸接触泥土；也有助于捕捉鱼和无脊椎动物。

迁徙

它们在觅食区和繁殖区之间进行长距离的迁徙。冬季聚集在富含食物的地区；夏季寻找适合繁殖的地区。每个集群，一般有数百对丹顶鹤，夏季活动于湿润的草原、苔原、高原和森林沼泽中，并开始表明其对性的兴趣。

求偶

鹤拥有许多引人注目的求偶行为。每一对新组建的配偶都会通过舞蹈宣示相互之间的关系。

① 繁殖区域，每只鹤都靠近配偶，收拢翅膀，呈放松姿势。

② 开始拍击翅膀，交替晃动长颈；一只向另一只的方向晃动。

③ 结合跳跃、旋转和晃动，更加增强相互之间的联系。

④ 求偶之舞跳到高潮时，可跳至3米高。

⑤ 在幼小的鹤中，舞蹈可能不会产生效果；此时，雄鹤会离开，然后寻找其他雌性。

Otis tarda
大鸨

体长：0.8~1.1 米
体重：3.5~16 千克
翼展：1.8~2.5 米
社会单位：群居
保护状况：易危
分布范围：欧亚大陆

大鸨粗壮，重，会飞，但偏爱在地面行走或奔跑。羽毛呈棕色、白色和灰色，侧面和胸部呈栗色。繁殖季节，雄性会展开颈部长长的白羽毛。飞行中，可以看见翅膀上有大大的白斑。雌鸟体形较雄鸟小。3 月为繁殖季节，期间雄鸟具有更强的攻击性和领地占有欲。求偶时，会跳舞来吸引雌鸟；尾巴直立，展示繁殖羽。一只雄鸟可在同一繁殖季与多达 5 只雌鸟交配。雌鸟产 2~3 枚橄榄色或棕色的卵。孵化期约为 4 周。雏鸟出生后，就可离巢，但仍会与雌鸟生活 1 年。

栖居于开阔的草原，以种子、昆虫和两栖动物为食。

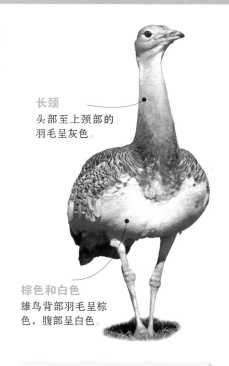

长颈
头部至上颈部的羽毛呈灰色。

棕色和白色
雄鸟背部羽毛呈棕色，腹部呈白色。

保护状况

死亡率高，栖息环境遭到破坏，促使大鸨数量减少。80％的雏鸟在未满 1 岁时就因遭遇自然捕食者攻击而死亡。

Ardeotis kori
灰颈鹭鸨

体长：1.05~1.28 米
体重：5.5~20 千克
翼展：60~76 厘米
社会单位：可变
保护状况：无危
分布范围：非洲东部和南部

灰颈鹭鸨的体形大而粗壮。背部呈褐色，颈宽，带白色和黑色细条纹。头部冠羽呈深色。脸部呈白—褐色，虹膜呈黄色。腹部呈白色。翅膀为白黑相间，休息时可见。独自或成群栖居于开阔的干燥环境，如草原、稀树草原和半沙漠地区。主要以种子和蜥蜴为食，也吃一些坚硬的食物（如石头或骨头），很可能是为了帮助消化。实行一夫多妻制，即一只雄鸟与多只雌鸟交配，然后由雌鸟孵卵（通常 1~2 枚）和照顾雏鸟。孵化期约为 23 天。在地面的草丛中筑巢。雏鸟出生后，雌鸟喂给它们各种食物。3~4 月龄时，幼鸟会飞，但仍会与雌鸟一起生活直到满 12~18 个月。

寻找休息地
虽然栖居于开放地区，但它们也会到水源附近、有树木的地方乘凉。

Porzana porzana
斑胸田鸡

体长：19~23 厘米
体重：90 克
翼展：35 厘米
社会单位：成对或群居
保护状况：无危
分布范围：欧亚大陆和非洲

斑胸田鸡呈棕色，背部、颈部和胸部有黑斑和白斑。头呈棕色，带斑点眉和眼带，面部呈棕色，侧翼带条纹，下腹颜色发白。夏季，在欧洲和东亚进行繁殖；冬季，在非洲和巴基斯坦度过。在浅水湿地植被之间的干燥地带筑巢，每窝有 6~15 枚卵。食物包括水生昆虫、蠕虫、软体动物、蜘蛛、小鱼、藻及各种植物。

Heliornis fulica
日䴘

体长：23~31 厘米
体重：1.1~1.3 千克
社会单位：独居
保护状况：无危
分布范围：美洲大陆（墨西哥至阿根廷）

与䴙䴘相似，但区别之处在于日䴘的喙更坚固、翅膀更尖、尾巴更宽。长颈上有冠和黑色线条。喙呈红色，背部呈褐色，腹部颜色发白。擅长游水和飞行，是敏捷的潜水者。食物包括昆虫、蜘蛛、两栖动物、蜥蜴、鱼类及水生植被。遭遇危险时，快速游水或飞到低矮枝丫上。较害羞，常常隐藏在河道丛林垂落的低矮树枝中。

Eurypyga helias
日鹏

体长：43~48 厘米
体重：180~255 克
社会单位：独居或成对
保护状况：无危
分布范围：中美洲和南美洲

条纹状尾巴
飞行中，可以看见尾巴有上两条黑色和红色条带。

飞行方式
长距离滑翔之后，拍打翅膀前进。飞行中，可以看见其引人注目的翅膀。

敏锐的眼睛
虹膜呈红色和黄褐色

日鹏擅长行走，可在河流和岩石小溪、沙洲和热带雨林及森林沼泽中行走和奔跑。常常独居或成对聚居。色彩艳丽，喙和腿长，为橙色。头呈黑色，带白色线条。背部带橄榄色、褐色和黑色条纹。尾巴呈灰色和白色，有红色和黑色条带。最特别的还属那复杂却漂亮的翅膀，眼睛呈红褐色、黄色、黑色、白色、橄榄色和灰色。以两栖动物、虾类、螃蟹和昆虫为食。雌雄亲鸟共同照料巢穴中的卵。巢穴由植被构成，厚度接近 30 厘米。

Cariama cristata
红腿叫鹤

体长：70~90 厘米
体重：1~3 千克
社会单位：可变
保护状况：无危
分布范围：南美洲东南部

红腿叫鹤擅长行走，腿长，呈红色，因此而得名。羽毛呈棕灰色，腹部颜色较浅。喙呈红色，其上方的冠羽呈灰色。尾巴相对较长，颜色发黑，带白点。成对或以小群栖居于草原、稀树草原和半干旱、半湿润森林中。奔跑速度可达 25 千米/小时。在地面或灌木丛以及高达 3 米的树上筑巢，雏鸟出生后即能跳离巢穴。

Aramides ypecaha
大林秧鸡

体长：41~49 厘米
体重：565~860 克
社会单位：群居
保护状况：无危
分布范围：南美洲

大林秧鸡是最常见的秧鸡，且易看见它们的亲缘鸟（秧鸡科）。栖居于富含沼泽植被的水生环境中。声音洪亮，因此而得名。十分擅长行走，头呈灰色，喙呈黄色，虹膜颜色发红。背部呈棕褐色，颈前部和胸部呈灰色，腹部呈肉粉色，尾巴呈深色，腿呈粉红色、红色。每窝有 4~7 枚卵，雌雄亲鸟共同孵化。

Aramus guarauna
秧鹤

体长：54~66 厘米
体重：1.1 千克
社会单位：群居
保护状况：无危
分布范围：中美洲和南美洲

秧鹤形似一只体形较大的乌鸦。仅栖居于富含沼泽植被的环境，可在地面和树上发现其踪影。傍晚会发出低低的独特叫声，类似于 "krau"，因此而得名。颈背呈黑棕色，带白斑。喙直，呈黄色。飞行时较笨重，主要以福寿螺为食。用那粗壮而强大的喙啄破螺壳，将其吃掉。

Psophia crepitans
灰翅喇叭声鹤

体长：48~56 厘米
体重：1.3 千克
社会单位：群居
保护状况：无危
分布范围：南美洲北部和中部

灰翅喇叭声鹤体形丰满，颈和腿长。喙短，颜色浅；腿呈白色，身体羽毛呈黑色。颈基处羽毛独特，散发虹彩光泽。成群聚居。在树洞中筑巢，雌性最多可产 5 枚卵，由整个家族共同孵化。以果实、昆虫、爬行动物和两栖动物为食。因其洪亮的歌声而得名，面对捕食者时，其歌声被视作一种警告，用于告知其他同类有捕食者。

图书在版编目（CIP）数据

鸟类 . 上 / 西班牙 Editorial Sol90, S. L. 著 ; 陈家凤译 . — 太原：山西人民出版社，2019.6
（国家地理动物百科）
ISBN 978-7-203-10728-6

Ⅰ . ①鸟… Ⅱ . ①西… ②E… ③陈… Ⅲ . ①鸟类—普及读物 Ⅳ . ① Q959.7-49

中国版本图书馆 CIP 数据核字 (2019) 第 020786 号

著作权合同登记图字：04-2019-002

Animals Encyclopedia is an original work of Editorial Sol90

First edition © 2015 Editorial Sol90, S. L. Barcelona

This edition 2019 © Editorial Sol90, S. L. Barcelona granted to 山西出版传媒集团·山西人民出版社

All Rights Reserved

The simplified Chinese translation rights arranged through Rightol Media

（本书中文简体版权经由锐拓传媒取得 Email: copyright@rightol.com）

鸟类（上）

著　　者：西班牙 Editorial Sol90, S. L.
译　　者：陈家凤
责任编辑：魏美荣
复　　审：傅晓红
终　　审：秦继华
装帧设计：八牛·设计

出 版 者：山西出版传媒集团·山西人民出版社
地　　址：太原市建设南路 21 号
邮　　编：030012
发行营销：0351-4922220　4955996　4956039　4922127（传真）
天猫官网：http://sxrmcbs.tmall.com　电话：0351-4922159
E-mail：sxskcb@163.com 发行部
　　　　 sxskcb@126.com 总编室
网　　址：www.sxskcb.com

经 销 者：山西出版传媒集团·山西人民出版社
承 印 厂：雅迪云印（天津）科技有限公司

开　　本：889mm×1194mm　1/16
印　　张：7.5
字　　数：312 千字
版　　次：2019 年 6 月　第 1 版
印　　次：2019 年 6 月　第 1 次印刷
书　　号：ISBN 978-7-203-10728-6
定　　价：88.00 元